重塑心灵

李中莹 著

Neuro-Linguistic Programming

浙江教育出版社·杭州

图书在版编目（CIP）数据

重塑心灵 / 李中莹著 . —杭州：浙江教育出版社，2022.6

ISBN 978-7-5722-3347-0

Ⅰ.①重… Ⅱ.①李… Ⅲ.①心理学—通俗读物 Ⅳ.① B84-49

中国版本图书馆 CIP 数据核字（2022）第 059690 号

责任编辑	赵清刚	美术编辑	韩 波
责任校对	马立改	责任印务	时小娟
产品经理	韩 烨	特约编辑	夏 冰

重塑心灵
CHONG SU XINLING

李中莹 著

出版发行	浙江教育出版社
	（杭州市天目山路 40 号　电话：0571-85170300-80928）
印　　刷	北京联兴盛业印刷股份有限公司
开　　本	700mm×980mm　1/16
成品尺寸	166mm×235mm
印　　张	19.25
字　　数	234 千字
版　　次	2022 年 6 月第 1 版
印　　次	2022 年 6 月第 1 次印刷
标准书号	ISBN 978-7-5722-3347-0
定　　价	62.00 元

如发现印装质量问题，影响阅读，请与本社市场营销部联系调换。
电话：0571-88909719

目 录
Contents

推荐序　《重塑心灵》：保持惯有的务实与落地之态 / 01
推荐序　绝佳的NLP参考书 / 05
自　序　我们如何拥有健康的心理 / 07
再版序　NLP的未来在中国 / 15
怎样使用本书 / 20

第一章　什么是NLP

NLP是门什么样的学问 / 002
今天的NLP仍会快速发展 / 004
NLP对人生的多个方面都能带来正面影响 / 009
NLP的基本精神：12条前提假设 / 011
NLP部分基本术语简释 / 019
拓展视野：
美国人对NLP的理解 / 022

第二章　信念系统

什么是信念 / 024
什么是价值 / 035
什么是规条 / 038
信念、价值观、规条的相互关系 / 040
改变信念系统的技巧 / 043
拓展视野：
轻松管理的十大要诀 / 061
"阿Q精神" / 061
"拜木头现象" / 064

第三章
自我价值

身份、角色与自我价值 / 068

自信、自爱与自尊的关系 / 072

自我价值不足的行为模式及原因 / 075

自我价值与人生品质的关系 / 079

最快建立自我价值的方法 / 082

拓展视野：

健康心理的思想和行为模式 / 090

第四章
系统与理解层次

系统和三赢 / 094

系统性在不同人群与场合的运用 / 098

大脑处理事情的逻辑层面：理解层次 / 101

理解层次贯通法 / 109

拓展视野：

企业文化与团队和谐 / 117

第五章
大脑的运作与潜意识

认识我们的大脑 / 120

意识与潜意识 / 124

如何与潜意识沟通 / 134

如何消除压力 / 139

拓展视野：

四种脑电波状态 / 145

儿童学习的苦与乐 / 145

第六章
内感官与经验元素

内感官 / 148

判定内感官类型的方法 / 150

三种内感官的强弱倾向 / 157

判定内感官类型的意义 / 159

内感官能力提升方法 / 162

经验元素 / 164

如何改变经验元素 / 170

事情在大脑里的位置——时间线 / 175

拓展视野：

选人、用人的诀窍 / 178

第七章
沟通

沟通的含义及前提条件 / 180

什么决定了沟通的效果 / 184

沟通中需要注意的问题 / 194

拓展视野：

有效沟通的八点启示 / 200

第八章
检定语言模式

恰当使用正面词语 / 203

检定语言模式 / 205

扭曲类语式 / 209

归纳类语式 / 214

删减类语式 / 217

运用检定语言模式的注意事项 / 221

拓展视野：

有效的谈判技巧 / 223

第九章
情绪

什么是情绪 / 226

如何管理情绪 / 232

处理本人情绪的方式 / 234

处理他人情绪的方式 / 236

对情绪的进一步认识 / 240

拓展视野：

从认识到管制 / 245

第十章
缔造成功、快乐的人生

自我整合与力量提升 / 248

选择、焦虑、风险、时间的处理技巧 / 256

目标与人生 / 272

拓展视野：

如何驾驭逆境（AQ）/ 280

推荐序
《重塑心灵》：保持惯有的务实与落地之态

2015年3月13日清晨，在从德国慕尼黑某酒店的房间到会议室准备进行NLP（Neuro-Linguistic Programming，神经语言程序学）培训工作的10分钟里，我收到李中莹先生发来的微信留言，说希望我能够为其新版的《重塑心灵》一书写序。我回答："按照学术界伦理，只有老师及前辈为学生及晚辈写序，没有反过来的，您这是破天荒之举。"李中莹先生回应道："NLP讲灵活嘛！"

从我认识李中莹先生并向其学习至今，他的NLP之道，建立在整体平衡、着眼未来、目标导向明确的基础之上，并以灵活的NLP态度及技巧贯穿其间著称。同时，不管是在生活上还是在教学上，李中莹先生始终如一，是个身心一致的NLP界前辈。因此，他跳出框架的观点或创举就显得如此理所当然与浑然天成了。

以目标制定为例，所有有关目标管理的书籍只列出SMART（Specific：具体的；Measurable：可以衡量的；Attainable：可以达到的；Relevant：有相关性的；Time-bound：有时间期限的）等五点原则，李中莹先生的《重塑心灵》一书首创将此五点原则与NLP观点相结合,即在SMART之前增加了P(Positively phrased:用正面语组成)及E(Ecologically sound:符合整体平衡)两个原则,形成了特有的PE-SMART法。这提醒目标制定者在制定目标时,保持对各种可能性的正面态度,且时时关注"三赢"下整体平衡的重要性。

又比如,在有关情绪的章节中,李中莹先生以其特有的研究方式,将情绪的本质剖析得鞭辟入里,并将情绪的正面价值阐述得淋漓尽致。比如,愤怒是给我们力量去改变一个不能接受的情况,痛苦是指引我们去寻找一个摆脱的方向,困难是以为需付出的代价比可收取的回报更大,恐惧是不愿意付出以为需要付出的代价,遗憾是以为已经完结的事里仍有未完结的部分,委屈是小孩将对父母的情结投射在其他人、事、物上,等等。假设有情绪困境者,搭配李中莹先生另一著作《简快身心积极疗法》中许多其自行开发的NLP技巧,结合能量心理学及本体治疗等方法,效果会更快速、显著。

此外,《重塑心灵》一书最大的特色,即保持李中莹先生惯有的务实与落地的态度。20世纪90年代,NLP相关著作从美国传至亚洲,从最早的中国台湾地区的译本起,许多翻译名词已沿用多年,但或许书籍所用的专业词汇过于艰涩,使得许多人因难以理解而退避三舍。而《重塑心灵》一书站在一般大众的角度,以尽量通俗的语言或接近英文原意的中文重新诠释了惯用词汇。比如,后设模式(Meta Model),本书称为检定语言模式;米尔顿模式(Milton Model),本书称为提示语言模式等。虽然更改专业用语让许多NLP学习者不习惯或混淆,但能让普通读者更容易理解。所以,或许可以暂时放下定于一尊的翻译词汇,因为面向不同对象的中文翻译更能保持NLP灵活多样性的有趣面貌。

李中莹先生在传播学问时是好玩有趣的,他不喜欢照章行事,场域与情境应用信手拈来皆成妙招。我曾在2014年邀请李中莹先生来台湾地区NLP学会谈论人生之道,李中莹先生应邀做了几个个案治疗。课后有一位医疗界的学员在其社交平台发布的课后心得回馈结语中写道:"此乃真人也!"孔子的学生颜回曾经称赞老师:"仰之弥高,钻之弥坚;瞻之在前,忽焉在后。夫子循循然善诱人,博我以文,约我以礼。欲罢不能,既竭吾才,如有所立卓尔。虽欲从之,末由也已。"李中莹先生讲学给人的感觉即是如此。或许读者无缘亲临李中莹先生的讲堂,但通过《重塑心灵》一书应可得窥一二,在此衷心推荐。

赖明正博士
美国 NLP 大学授证联盟导师
中国台湾 NLP 学会理事长

推荐序
绝佳的 NLP 参考书

十多年过去了,《重塑心灵》又要再版了！我已经忘记这次是第几版了，很荣幸可以为此写序。

当年，NLP 才刚刚传入国内；当年，第一班 NLP 执行师课程才刚刚结束不久。我和李中莹老师在他香港办公室楼下的茶餐厅吃午饭，我负责点餐，李老师却从包里拿出纸和笔，开始写了起来；我们一起开会讨论培训课程的事务，李老师在开会间隙写了起来；我们一起等车，李老师就在旁边把写字本放在包上，开始写了起来……而他当年写的就是《重塑心灵》一书。

1997 年，我在深圳参加了李老师的 NLP 实用技巧课程的学习。2000 年，同样在深圳，我参加了李老师第一届 NLP 执行师课程的学习，我的证书是 001 号。虽然学过其他老师的 NLP 执行师课程，甚至学过美国 NLP 大学的 NLP 高级执行师课程，但是李老师的课程内容还是让我耳目一新。课程中有许多环节是李老师针对大陆学员而创设的，例如，自我价值、接受自我、自我整合、抽离法、一分为二法等。

后来听说李老师要写一本有关 NLP 的书，其后不到一年,书就写出来了!李老师几乎利用了他所有的"零碎"时间来写这本书,这是令我很佩服的一件事。我知道他的心里有一把火——要帮助人们拥有成功、快乐的人生,正是这把火在他的心里催逼着他。当年,他把自己的工作安排得满满的:设计新的课程(EQ与管理、亲子课程、演讲培训技巧课程、NLP执行师课程等);写书(《重塑心灵》《NLP简快心理疗法》);引荐外国优秀的老师;引入新的学问(家庭系统排列、催眠治疗、NLP教练技术等);办公益讲座;等等。

《重塑心灵》注重的是读者是否读得懂,是否足够深入浅出,是否对生活和工作有足够的实用性。书中许多NLP的理论,都用生活或工作中的例子、故事来诠释。不同的技巧都用了不同的说明方式,每一个技巧都有清晰的步骤。当然,我不认为没有学过NLP课程的朋友可以完全明白这本书的内容(即便学过课程的同学也不一定能明白),但是,我相信只要有某个理论、某个技巧可以帮助你改善工作或生活中的某些部分,已经是读此书最大的价值了。

对学过NLP课程的同学而言,《重塑心灵》无疑是绝佳的NLP参考书。李老师总结的方法、浅白的翻译(例如将"ecology"翻译成"三赢"就是神来之笔)、对NLP深入的理解和诠释,对NLP学习者来说都是"美味佳肴"。

这是我向朋友推荐次数最多的一本书,是我认为每一位学NLP或想学习主动掌握自己人生的朋友都必读的一本书,也是目前为止我个人最满意的一本有关NLP的中文书籍。用中文写的NLP书籍本来就不多,写得好的更是凤毛麟角,而《重塑心灵》就是这极少数之一。

当然,我们期盼李老师在不久的将来写更多的好书,期盼更多的同道、同路人一起努力传递帮助人成功、快乐的学问,帮助更多的人主动掌握成功、快乐的人生!

戴志强

资深NLP导师

自 序
我们如何拥有健康的心理

我第一次接触 NLP 是在 1992 年。那年夏天我参加了一个很有激励效果的课程，使我对那时的生活做了很多深刻的思考。那段时间我与我的第一位太太关系不太好，我俩对彼此的爱都很真、很深，也被朋友们认可，但我们俩在沟通上往往会出现问题，因而产生了很多负面的情绪。我们之间总有一种紧张和痛苦的体验，但同时各自又都深爱着对方。自从参加那次课程之后，我决心去找寻能够使这一方面有所改善的学问。

我不断地打听，结果，一位朋友告诉我应该去接触"NLP"。于是我四处找寻哪里可以学到 NLP，发现九龙华仁书院的徐志忠正在举办 NLP 的周末工作坊。于是，我报名参加了下一期由朱迪·德罗齐耶（Judith DeLozier）主持的工作坊。

工作坊开始当天，有一名外籍男子，四十多岁，他举手发问，说他很憎恨他的妈妈，而他的妈妈已经不在人世了，他问朱迪有没有办法解决。朱迪请他站出来，用两张椅子作为道具，在历时 40 分钟的过程中，她引导该名外籍男子时而坐下，时而站起，时而对着空椅子说话。这样过了一段时间后，那名外籍男子开始流泪；40分钟后，那男子泪流满面，但容光焕发，表情比开始时放松了很多。他说他已经不再憎恨他的妈妈，同时内心感到舒服了很多。

我看到这个结果，惊叹不已：过程中没有说"你应该怎样"的道理，而只是用简单的道具及话语引导，这样竟然可以消除数十年来内心的积怨，且涉及的人物已经不在世上。我想，连这都可以解决，还有什么不能解决呢？从那一刻开始我决心学习NLP。

1993年，我参加了徐志忠举办的NLP主题工作坊。1994年，我去美国NLP学院（NLP Comprehensive）进修专业执行师的普通文凭课程（NLP Practitioner Certification Program），返港后继续参加徐老师举办的周末工作坊。1996年，我开始参与教授NLP的工作，1997年，我再去NLP学院进修NLP培训师技巧文凭课程（NLP Trainer Training Certification Program）。同年，由于徐老师决定从下一年（1998年）起不再开设NLP专业执行师文凭课程，于是我与另一位决心推广NLP的外国人在1998年承接了徐志忠老师的工作，把这个课程继续下去。同年年底我退出了这个合作项目。1999年年底，我推出了自己设计的NLP专业执行师文凭课程。

1998年，我去NLP大学学习了NLP专业执行师的高级文凭课程（NLP Master Practitioner Certification Program）。2000年，我又去了锚点学院（Anchor Point Institute）进修催眠治疗文凭课程（Hypnotherapy Certification Program），并且在这一年里，当我的第一届文凭课程结束后，根据学员对课程的评估意见、课程内容的选择和编排方面的资料，加上徐老师的推荐，蒂姆·哈尔布姆（Tim Hallbom）给我颁发了NLP培训师证书。

此后，我在马来西亚、中国香港、北京、南京、上海、广州、杭州、大连等地陆续开设NLP方面的系列课程，包括NLP专业执行师课程、NLP亲子导师课程、NLP简快疗法、NLP演讲与培训课程、家庭系统排列等。

以上便是我进修和教授 NLP 的经历。此间，我还进修了一些运动机制学（kinesiology）和系统整合（system constellation）的课程。其他的学问和知识，我是靠自学而获得的。

我写这本书有三个目的：

其一，让一个从来没有接触过 NLP 的人，能够凭这本书享受到 NLP 带给人生和企业的好处。

其二，为我的 NLP 课程学员提供一本比较全面（针对我的课程来说）的辅助读本。

其三，给那些在其他地方学过 NLP 课程的朋友提供另外一个角度去了解 NLP。

NLP 是很实用的学问，的确能够推动一个人快速地提升自身的素质，进而享受更大的成功、快乐。我希望这套学问能够迅速地在华人世界中广泛传播。

有关 NLP 的英文书籍数以百计，但是对一个以中文为母语的人来说，他可以选择的余地很少。在中国台湾，已经有超过 50 本从英文翻译过来的中文 NLP 书籍，但是其中的大部分，连学过 NLP 课程的朋友也看不明白。即使在翻译水平较高的著作中，也不容易找到一本既能够全面地介绍 NLP，同时又能清晰阐述其概念和技巧的书。因此，我希望本书能弥补这方面的不足。

NLP 不是我的宗教、信仰，同时我也郑重告诫大家，NLP 不能解决所有的问题，NLP 也有无效的时候。但是，NLP 总能使我们多一个解决问题的途径，并支持我们不断地尝试下去。对我来说，NLP 是一个工具箱，是我所拥有的工具箱中最大、工具种类最多、最常用和最易产生效果的一个。我希望各位学习NLP的朋友，也抱着这个宗旨去学习和运用NLP。

NLP常常能带来迅速和良好的效果，可以在很短的时间里使一个人发生巨大的改变。我本人和一些投身于推广NLP工作的朋友都是见证者。

NLP的效果是在人生的所有方面显示出来的。因为NLP的本质就是研究和运用一个人头脑中的思想运作模式，使其更有效地运作以便让人的自身能力发挥得更好。既然一个人的头脑控制其人生里每一个方面的成就，那么，提升人脑的思想运用能力自然就会使整个人生都有所提升。

我不是NLP大师，也不敢称自己是一个怎样了不起的NLP老师。我只不过比别人早几年接触NLP，同时想让更多的人和我一起分享我对NLP的一些看法和发展成果而已。这番话我在每次的NLP课程教学中都说过。我觉得听过我的课程的人，给我最大的肯定是接受我这个朋友。我认为在这个世界上没有一个人比其他人地位高或低，朋友是最理想的身份。所以，若你喜欢我的书，请你接受我成为你的朋友。

NLP并不能使我们绝对完美。"完美"二字本身便是主观的，没有两个人会有一致的定义。当我们明白了这一点，同时接受每个人都有定义"完美"的权利时，我们就会明白我们没有必要去追求完美，尽管其他人的看法和感觉对我们很重要，甚至可能会影响我们的人生。

NLP大师与我们一样，他们有他们的烦恼、问题和需要，只不过他们面对出现的情况时，总会有很多的解决方法，同时会以积极乐观的态度去处理事情，给自己、给别人很多空间。NLP不能代替我们去生活，我们还需面对自己的人生，走每天的路，但是NLP使我们在不顺利的时候仍有信心，在最困难的时候尚有办法。我们可以通过这种方式去增加人生中的成功、快乐。

我没有打算把这本书写成类似"NLP全集"的具有全面性或代表性的著

作，因为我不认为自己懂得 NLP 的全部知识，也知道我不能把自己掌握的技巧运用得出神入化，保证效果。今天的 NLP 已经是一门需要学习几千个小时的学问，并且在世界各地不断地有新的发展。我估计我掌握的只有全部的 20%~25%，虽然这 20%~25% 属于一个所谓主流的 NLP 派系（多数人承认接受，但同时也有人不以为然）。在另一方面，我的确能很纯熟地运用一些 NLP 技巧，但是仍有很多很多的 NLP 技巧我未能掌握。所以，在这本书里我只能介绍我自认为已经了解和掌握得不错的 NLP 概念和一小部分技巧，其他技巧大家可以参看我的《简快身心积极疗法》等书籍。

很多 NLP 大师都认为，今天的 NLP 已经有太多的技巧。技巧是工具，够用便可，沉醉于拥有更多的工具，充其量只会成为一个工匠。在过去，NLP 曾经被人批评为"没有心"（no heart）、"没有灵魂"（no soul）的学问。这点我不敢苟同。在我看来，NLP 通篇都是研究心力、心法的学问，靠提升人的主观能动性而改变整个人生。（关于这方面的理论请参阅本书第三章有关自我价值的部分）

常常有人问我，我的学问在哪所大学可以学到，我的回答是："这些学问在正规大学里学不到。"这样的回答并不是狂妄，只不过是道出事实，在世界各地的大学里，几乎是完全学不到 NLP 的。

大学里没有教的学问有很多。一些对人类十分重要和基本的学问，事实上一向都被忽略。例如：

大脑是如何工作的？我们该如何配合它运作的方式而使人生更有效率？（这便是 NLP 的功能）

情绪与人的关系。社会上很多人是自己情绪的奴隶，如何有效地管理自己的情绪？（我发展出来的 EQ 工作坊提供这样的技巧）

如何成为成功的父母？

孩子如何能够更开心、更乐意地去上学、读书和做功课，并且学得更

快、记得更牢、用得更好？（我的"亲子系列"中的"孩子工作坊"提供这样的技巧）

一个人在成长的过程中如何培养出健康的心理，使他有健全的性格、积极正面的心态和成功、快乐的人生？

这本书虽然以 NLP 为名，其实针对的是上面最后一项。NLP 包括很多方面的学问，但一般来说很多人会把它列入心理学的范畴。心理学的起源使它具有两点特质：

其一，NLP 是科学的，故此其任务是解释现象。

其二，心理学的始创与精神病治疗很有渊源，故此，心理学有很大一部分与治疗方面的研究有关系。

有人说过：只要与人有关的都属心理学的范畴。这点对学者、专家来说，也许不能接受，但是对一般人来说，却已足够。试以一个溺水的人为例，解释现象便是："因为他的脚底接触的是水而不是土地，所以会溺水。"治疗研究便是如何把他从水中拉上来（也许结果是"每一个人都应穿上救生衣走路""水池应筑起围栏"）。但是，如果能够教给每个人走路的正确方法，也许可以防止他们掉到水里。

今天的心理学所欠缺的就是：我们该如何拥有健康的心理。我认为这就是 NLP 的功能。

NLP 追求的是效果，方法总是很灵活（事实上，如果用两个字去说明 NLP 是什么，那就是"灵活"）。这种态度，使传统治学之士很是困扰：竟然没有"怎样的做法才是正确的"这个标准，那么，怎样才能掌握、厘清和教授这门学问呢？

人是灵活而富于变化的生物。所以，如果用刻板的法则去处理人的问题，是无法取得良好效果的。事实上，本书所介绍的技巧，不会有两个人在运用时产生完全一样的效果，即使同一个人两次运用同样的技巧，其过程和结果也会不同。

我建议读者以研究小溪流水的态度看待本书：力学和物理学的基本原则可以解释流水的一些特性，但是，每秒钟的水流都在不断地变化。另一种态度可以用禅宗的一个故事去表达：

有一个人要去一个地方。当他走到一条小河边时，发现没有桥，于是他砍下一棵大树，把它横放在河的两岸，然后从上面走了过去。过了河后，他把树扛在肩膀上继续走路。有人见到这一情景，问他为什么要扛着树走路，他回答说："前面还有河嘛！"那个人说："前面固然有河，但也有树啊！"

学 NLP 的最好方法是，先努力记熟那些概念，多练习相关技巧。然后，当熟练之后，把它们忘掉，不再限于某一句话怎样说，或者某一个技巧的某一个程序应该是怎样的。

所有学问的演绎必然带有演绎者个人的倾向，这是不可避免的。所以，你也可以说这本书中所介绍的 NLP 是李中莹的 NLP。本书内容虽然符合 NLP 的基本精神，其中很多概念和技巧也是前人发展出来的（我尽量找出它们的来源并加以注明），但是书中也介绍了很多我研究、发展出来的东西。我当然要对它们负责任，也希望读者不吝指正。

李中莹

再版序
NLP 的未来在中国

《重塑心灵》自出版以来不断修订，不断加印。这本书被公认为 NLP 界最受推崇的书，我感到很荣幸，也很感激众多支持、爱戴我的读者朋友。此次《重塑心灵》重新出版，我想借此机会与读者分享一下今天我对 NLP 的看法。

一、NLP 发展得怎么样了？

我最后一次学习跟 NLP 有关的课程是 2000 年，此后的十几年里，我忙于做研发及培训的工作，较少与 NLP 界的老师们接触，是没有多少资格谈论这个问题的。

我有两位好朋友：资深 NLP 导师戴志强老师及台湾 NLP 学会理事长赖明正老师。他们都是美国 NLP 大学授证导师，所以我对 NLP 大学的发展了解得比较多。

其实，在华人世界的 NLP 中，NLP 大学的版本一向都是主流，而 NLP 大学的主要导师，尤其是元老级的朱迪·德罗齐耶、罗伯特·迪尔茨（Robert Dilts）、苏茜·史密夫（Suzi Smith）每年还会来到中国授课，其中又以罗伯特·迪尔茨的研发能力最为人所知。美国、欧洲其他的 NLP 学府及老师，以及中国港台等地区的 NLP 老师都未见有明显的发展。

在国内，以我所见就是张国维老师、戴志强老师及我，带领着一群后起之秀在持续开展 NLP 的传播工作。

近年来，除了罗伯特·迪尔茨的"英雄之旅"系列外，我没听过有什么显著的突破性概念，也没听过有新的国际级大师出现。NLP 大学似乎面临培养接班人的困境：朱迪·德罗齐耶、苏茜·史密夫及罗伯特·迪尔茨都表示不愿再出国讲课，退隐的决心日渐明显。曾经不止一次传出张国维老师要退休的消息。我得到上天的眷顾，虽然年过 70，但看来仍能多做几年信差。

2014 年，NLP 大学宣布 NLP 已经踏进第三代，已经接受"场域"的概念，这跟我十多年前，用"系统"（System）二字取代了"理解层次"（Logical Levels）里最高层的"精神"（Spirituality）一词的意思很相似。在 2014 年广州 NLP 学院举办的"中国 NLP 心理学大会"上，罗伯特·迪尔茨展示出的"第三代 NLP"就列出了伯特·海灵格（Bert Hellinger）及肯·威尔伯（Ken Wilber）等的学问。

回头看，在过去十多年不断研发的日子里，不知不觉间，我已经把 NLP 跟多种学问融合发展，在概念上与技巧上都进行了不少扩充、添增和提升。

NLP 大学也是我的母校，只是从一开始我就没有乖乖地只传授从那里学的学问，而是不断研发及兼容。今天，国内有好些年轻的 NLP 讲师，加上我这两年大力培养出的更多的讲师及导师，我相信：NLP 第四代很有可能在中国诞生！

二、NLP 到底是什么？

回答这个问题，我认为需要分三个部分来看 NLP。

第一，在美国学习时，NLP 大学的老师说："NLP 是研究如何学习的学问。"这是指大脑如何接收、储留及使用所有出现的信息。这句话等同于英文 NLP 书籍中说的"NLP 是研究人的主观经验的学问"。我把上述意思"本地化"一点，写出一句："NLP 让我们了解大脑及身体如何运作，因而能够让它们做得更好。"

我对它的其他定义有：

（1）NLP 是让人生更成功、快乐的学问。

（2）NLP 是最实际有效的"思方学"（思想方法的学问）及"行方学"（行为方法的学问）。

上面每一句都是对的，同时还有一点意犹未尽，因为 NLP 能做到比上面每一句都多一点点的效果。其实，又何必坚持只用一句话就能说尽的定义呢？

第二，NLP 是一个工具箱，这是我一向坚持的 NLP 身份定位。这个定位有三层意思：

（1）我是主人，工具箱为我服务，所以我说"NLP 不是我的宗教"。

（2）刀是工具，能救人也能伤人，决定权掌握在使用者手里。所以，学 NLP 的人应有心态上的修为。

（3）既然是工具，就是可以制造、修改、创新的，尤其是随着需求的改变，应该研发出新的工具。

——我教 NLP，一向坚持这三层意思。

第三，NLP 既然是工具箱，就无须硬要把它人性化，甚至神化。我是说，NLP 是术，本身没有道的层面，如果有的话，也只是能够呈现、描述、解释道的存在而已。例如，理解层次，它本身不是道，而只是道出世界事物是这么一回事而已。我反对有些欣赏 NLP 的人把 NLP 放在一个"道"的层次，更不明白一些人否定 NLP 的态度。这些人先错误地认定 NLP 是"道"的一种，然后用各种方式去否定 NLP 的"道"。NLP 不是道，只是术，只是工具。你总不能说一个锤子是道吧？

也因为以上三个部分，NLP 无须跟任何学问、学派有斗争，NLP 可以配合及辅助所有学问、学派，让这些学问变得更落地、实际可行、清楚明了。也因为这样，NLP 让家族系统排列更易接受、掌握、产生效果；让心理辅导更快、更有效，大大缩短疗程；让教学效率提高；让管理工作更轻松有效……

三、NLP 的未来在哪里？

NLP 强调灵活，如果只用两个字说明 NLP 是什么，那就是"灵活"（flexibility）。

因为灵活，所以 NLP 要随着社会的变化而有所变化；

因为灵活，所以 NLP 可以不断修正，以保持精准、实用、高效的特点；

因为灵活，所以 NLP 能够不断地发展出更多的应用模式，进入到无数有需求的领域里。

在过去的十几年里，我研发出来的培训及训练产品种类有：

亲子关系

企业里的销售技巧

企业里的团队管理技巧

演讲培训技巧

人生技能中的沟通及人际关系技巧

人生技能中的情绪及压力管理技巧

恋爱及婚姻关系

心理辅导

学校教育

企业家心智模式

讲师及导师训练

幸福人生

以上这些，全都包含大量的NLP技巧，并且配合、取材其他的学问（包括我本人研发出来的）而成为道术兼备、可以传播的学问。

除了不断研发新的概念及技巧之外，我还在大量地培养多个NLP应用课程的讲师。此外，我还有一个"NLP导师训练班"，这是专门培养有潜质成为大师级别的NLP导师的训练场。我希望从中能产生一些将会超越我、把NLP带往一个新高度、带领NLP不断发展下去的人。

NLP不隶属于任何人，我相信，NLP的未来在中国！

李中莹

怎样使用本书

How to use this book

（一）本书分为十章，每章都有其独立的主题。读者可以逐章看下去，也可以挑选自己感兴趣的先看。书中的内容组织已经有相应的安排，每一章都能够被独立阅读。

（二）本书提供了少量 NLP 技巧，都是简单易做、很安全又容易产生实效的技巧。读者可以自己运用，也可以在辅导者的帮助下运用。

（三）本书的概念与技巧可以运用到人生的很多方面，包括运用在企业管理中，使企业在很多方面有所提升。

（四）本书所介绍或引用的学术资料，包括心理学、脑神经科学、生理学、社会学、运动机制学、管理学等多方面的内容。

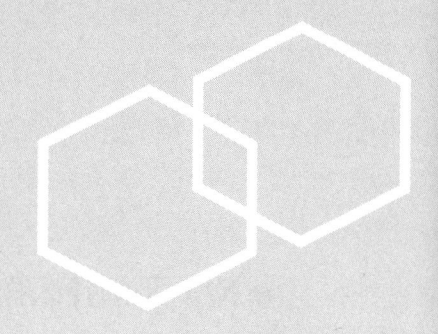

第一章
什么是NLP

NLP是研究我们的大脑如何工作的学问，为每一个接触它的人提供了一些实际可行而且有效的方法，以便增加达到自己能力顶峰的机会，使自己无论在个人发展、事业工作、家庭生活，或者与人相处上都有显著的提升。NLP的更高层次是心态的改变，有技巧而没有良好的心态支持，轻者效果不能持续，重者会用技巧去操控甚至伤害别人。所以，我非常强调技巧的提升必须同步跟随心态的调整。

❖ NLP 是门什么样的学问

人们在学习某种学问之前，总要问一问这门学问是教人做什么的，有什么功用。学习 NLP 也不例外。关于 NLP 的研究领域，如果用一句话来表达的话，那么可以这样界定：NLP 是对人类主观经验的研究（NLP is the study of subjective experience）。

随着科学技术的发展，人类对这个纷繁复杂的世界的了解正在逐渐增多，但对于自身的内心世界的研究却总嫌太少。我们如何拥有独特的内心世界？我们怎样选择传入大脑的信息？怎样认知这些信息？怎样储存这些信息？怎样把这些信息与其他已储存的信息融合？怎样运用它们？NLP 研究这些问题。因此，NLP 是研究人的大脑如何运作，以及如何提高它的运作效率的学问。

NLP 的中心学问之一是"模仿"（modeling）。NLP 研究不同行业中的卓越人士：健康行业、体育界、教育界、工商管理界和心理治疗界等，把他们的卓越成就化为一些别人跟着做也可以获得同样效果的学问。我们的身边就有很多成功、快乐的人，了解他们的身心活动模式，我们便能够学习他们已经掌握的方法，因而也变得成功、快乐。

其实我们每个人每天都会做出很多成功的事情。我们也可以总结自己成功的身心经验，从而拥有更多的成功、快乐。例如：我们都有过开心或放松的经验，如果我们能够认识到在那些良好经验里的我们的身心状态，并了解达到那些状态的身心程序，那么当我们感到不开心或者紧张时，便会更容易使自己改变了。

NLP 为每一个接触它的人提供了一些实际可行而且有效的方法，以便增加达到自己能力顶峰的机会，使自己无论在个人发展、事业工作、家庭生活，还是人际交往方面都有显著的提升。

NLP 技巧的效果来源于改变脑神经网络（Changing the neural networks）。有些人在一次事故之中产生了使自己很痛苦的情绪，例如：车祸中的伤者对汽车的恐惧、被遗弃的男女对异性的憎恨等。从 NLP 的角度看这些事，既然当事人的大脑是在一次经历里产生出这种情绪，也就可以在另一次经历中化解这种情绪。NLP 的方法是找出这个人的大脑如何储存带有正面情绪的经历，然后引导这些人改变事故经历储存在他们大脑中的模式。同一次事故经历有了不同的神经元网络储存方式，大脑中的"自动选择更佳机制"会在以后的回忆中启动使他们更舒服的网络。

所有这类的负面情绪，来源都是潜意识中的保护机制，使当事人在类似的情况再度出现时，懂得保护自己。当然，这个机制往往使当事人不能过正常的生活，从而使保护变成了妨碍。同时，每次经验都有其价值和意义，能使当事人成长得更好。NLP 的技巧把这样的一次经验分开来处理，事故带来的价值意义可以永远保留，并帮助当事人在未来活得更好，而保护机制继续维持同样的效果，事情的记忆也完全清晰，但事故带来的负面情绪则被消除。

NLP 三个字母代表着如下意思：

N=Neuro（直译为"神经"，意译为"身心"）指的是我们的头脑负责思想，身体负责执行，头脑和身体由神经系统联结在一起，我们的神经系统控制我们的感觉器官和功能系统去维持与世界的联系。

L=Linguistic（语法）指的是我们的头脑与身体之间的联系机制所用的语言模式和语法规则。我们运用语言与别人相互影响，并经由身姿、手势、行为和习惯等无声语言显示我们的思考模式、信念及内心种种状态。

P=Programming（程序或程式）指的是借用计算机科学术语"程序"去指出我们的意念、感觉和行为只不过是习惯性的模式，可以经由提升我们"思想"的软件而得以改善。通过改变我们思想和行为的习惯性模式，我们便能在生活中取得更满意的效果。

因此，NLP是研究我们的大脑如何工作的学问。如果知道大脑如何工作，我们就可以配合和提升它，从而使人生更成功、快乐。因此，我把NLP也译为"身心语法程序学"。

◈ 今天的NLP仍会快速发展

NLP的创立归功于两位美国人：理查·班德勒（Richard Bandler）和约翰·葛瑞德（John Grinder）。

美国加利福尼亚大学圣克鲁兹分校是NLP的发源地。理查在那里读大学，在一次偶然的机会中认识了家庭治疗（Family Therapy）大师维吉尼亚·萨提亚（Virginia Satir）。稍后，理查受雇把维吉尼亚在加拿大做的为期一个月的工作坊的内容制成录音带并做了文字记录，这份工作花了理查几个月的时间。通过整理这些资料，他学会了维吉尼亚在辅导过程中所运用的声调和行为模式。理查还参与了完形疗法（Gestalt Therapy）创始人弗里茨·皮尔斯（Fritz Perls）①的最后一批手稿的编辑工作，这批手稿成为 *The Gestalt Approach* 一书的内容。另外一本关于弗里茨的技巧的书 *Eye Witness to Therapy*，其实就是由弗里茨授课时录下的录像带编辑而成的。理查的工作是确保书中的文字记录正确无误，他用了几个星期的时间看这些录像带。整理工作结束后，他也掌握了弗里茨的语言和行为特色。

掌握这些技能后，理查在加州大学圣克鲁兹分校内组织了多个完形疗法研究小组。

约翰·葛瑞德，另一位 NLP 的始祖，是当时在加州大学教授语言学的教授，已经出版了几本关于语言学的书。

理查告诉约翰，他注意到潜意识的意念和构词过程，想与约翰合作发展出一套沟通上的"文法"。他们首先用维吉尼亚的录像带做研究（这些录像带的内容后来被编成 *Changing with Families* 一书并出版）。他俩很快就发现维吉尼亚的一些惯用语言技巧，并将其归结成一些模式，这就是"检定语言模式"的前身。他俩还发现维吉尼亚对一些受导者多用视觉型文字，对另一些受导者多用听觉型文字，对其他一些受导者多用感觉型文字。维吉尼亚自己听他俩这样说才知道自己工作的模式是如此。这也就是 NLP 里"内感官"部分的前身了。

这些资料，在 1975 年被编成书出版：《神奇的结构》（1、2）。1976 年，理查和约翰决定用 NLP 来命名他们发现、总结和创造的这门学问，于是 NLP 诞生了。两人成为一群学生的中心，这群学生现今都是 NLP 世界中的顶级大师了，包括大卫·戈登（David Gordon）、朱迪·德罗齐耶、罗伯特·迪尔茨、史蒂夫·吉利根（Steve Gilligan）等。因此，NLP 的学问开始

---

① 原名弗雷德里克·皮尔斯（Frederick Perls，1893—1970），德国心理学家，完形疗法创始人，完形疗法也译为格式塔疗法。

发展和传播开去。

经过美国的著名学者格雷戈里·贝特森（Greogory Bateson）的介绍，理查和约翰去美国亚利桑那州菲尼克斯城研究米尔顿·埃里克森（Milton Erickson）的催眠疗法。理查和约翰运用他们已经掌握的学习（模仿）方法，很快就成为催眠高手。米尔顿对NLP有很大的影响，理查和约翰出版的 *Patterns of the Hypnotic Techniques of Milton H. Erickson. M.D* 一书，成为催眠治疗界里很有地位的学术书籍。

1981年，理查与约翰分手，成立了自己的NLP组织，推广他的DHE概念（Designed Human Engineering）。虽然他的才华和能力为人所公认，但经常引发一些备受争议的事情。他把研究NLP的焦点放在能够使一个人改变的技巧上，很注重技巧的结构与效果的关系，他与其弟子的课程体系被称为NLP里的"结构派"。

约翰与朱迪·德罗齐耶成立了"Grinder, DeLozier and Associates"公司，继续教授NLP。他们在1987年出版了 *Turtles All The Way Down: Prerequisites to Personal Genius* 一书，是NLP领域内的另一本经典之作。1989年，约翰决定改变方向，转为专注于企业方面的顾问工作，中断了与朱迪的合作。

朱迪继续她本来的方向，1990年与罗伯特·迪尔茨和托德·爱普斯坦（Todd Epstein）成立NLP大学。每年夏天，他们都在加州大学圣克鲁兹分校内开设各种NLP课程，在一年的其他时间里，她被邀请去世界各国主持各种NLP活动并展开教学。约翰、朱迪与本书下面所提到的NLP大师们，认为NLP的力量很大，需要以配合的心态去确保懂得NLP的人运用NLP去促进人与人之间的平衡、和谐和尊重。他们推广的课程很强调整体平衡：系统里的每个成员都得到充分的尊重。所以，他们的课程体系被称为NLP的"系统派"。我认为我的课程属于这个派别。

香港徐志忠老师在1979年去美国完成NLP文凭课程的学习，之后经常参加 NLP 课程的学习。他应该是香港最早接触这门学问的人，他不遗余力地推广 NLP，被尊为"香港 NLP 之父"。20 世纪 90 年代，徐老师每年都在香港开设 NLP 文凭课程，由朱迪签发文凭。徐老师学贯中西，除 NLP 外，也研究其他多种学问，并且创造让众人分享的机会：邀请国外名师到港任教，或是亲自主持课程。1997 年，他决定不再开设 NLP 执行师文凭课程。1998 年，由我与利奥·安加特（Leo Angart）合作继续将这个课程教下去。1999 年，我退出了合作，并且在同年年底开设了具有特色的全中文 NLP 专业执行师文凭课程。

理查和约翰的第一代弟子中很多已经成为当今的顶级大师，可能在某些方面已经超越了他们的老师，这些大师包括：

罗伯特·迪尔茨，被很多人认为是对 NLP 最有贡献的一个人。他在 1991 年总结并提出"理解层次"（Logical Levels）的概念，这是他发展的众多概念和技巧中最具影响力的内容之一，他出版了十余部书，每年与朱迪在美国加州 NLP 大学主持多个课程。

朱迪·德罗齐耶，在美国加州的 NLP 大学与罗伯特·迪尔茨主持多个课程，被公认为 NLP 界的大师之一。她处世低调，为人非常随和，同时充满热情和阳光般的温暖。

蒂姆·哈尔布姆与苏茜·史密夫，两人在 1980 年成立锚点学院，这是美国最早提供 NLP 执行师文凭班的学府。他俩合作多年，研究出很多重要的心理辅导技巧。他俩的发展创新能力很强，近年与罗伯特·迪尔茨合作开办的"健康文凭课程"（Health Certificate Program），被公认为最高级别的 NLP 课程，这是因为在学习此课程之前需先完成高级 NLP 执行师文凭课程。蒂姆·哈尔布姆在跟信念有关的技巧、催眠和教练技术上有非常大的成就。他现在与夫人共同管理美国加州 NLP 及教练技术学院（The NLP and Coach Institute of California）。

尼克·莱弗士（Nick Le Force），一位处世非常低调但能力很强的导师，专长是催眠，拥有多个临床催眠治疗的导师资格证书，被美国专业催眠治疗师评审员学会（ACHE）委任为监考员及课程评估委员。他在教练技术、沟通技巧方面的NLP应用很成功。

大卫·戈登，以隐喻（metaphors）和模仿（modeling）闻名，每年都在美国开设课程。

史蒂夫·吉利根，著名心理治疗师，是米尔顿的出色弟子之一。他的催眠治疗工作坊，在催眠界被认为是最高水准的工作坊。史蒂夫在加州罗省举办课程。

罗伯特·麦克唐纳（Robert MacDonald），著名心理治疗师，对犯罪心理、家庭虐待等问题有研究，在业内拥有很高的地位。

塔德·詹姆斯（Tad James），发展出"时间线疗法"（time line therapy）。他在夏威夷和美国西岸开办课程。他的催眠能力也很强。

莱斯丽·卡梅伦（Leslie Cameron），理查的前妻，发展出很多现今NLP里常见的技巧，例如处事模式（meta program），她有几本关于情感关系辅导和NLP技巧的书在NLP界很有地位，例如：*The Emprint Method: A Guide to Reproducing*、*Know How: Guided Programs for Inventing*、*The Emotional Hostage: Rescuing Your Emotional Life* 等，她在1989年退出，不再活跃于NLP圈。

在华人圈中，现在已经有很多位NLP培训师了。中国台湾的陈威伸先生参与了五十多本NLP书籍的翻译和出版，功不可没。

著名的培训师安东尼·罗宾（Anthony Robbins），开始时也是修读NLP，然后从中发展出具有他个人风格的课程，并且自成一派，所以不能仅仅把他看作NLP的一员。

NLP从诞生到今天只有30年，但已发展成为超过8000学习小时内容的课程。当今世上，没有任何一个人可以全部掌握 NLP 的学问。NLP 的学问已经深入欧美各国，在很多行业里 NLP 已经是从业人员不成文的必备知识，例如人力资源管理、教练培训、社会工作、心理辅导等。在企业管理、业务销售等领域，已经有无数公司及员工在享用 NLP 带给他们的好处。NLP 的精神鼓励人们不囿守于旧有的条条框框，所以常被传统的学院派排斥，在正规大学里未曾建立它应有的地位。今天的 NLP，是在学校里学不到但在生活工作里却非常需要的学问，所以 NLP 仍会快速发展。在中国，仅仅是从 1999 年到 2004 年的五年中，NLP 已经由无人知晓，发展为很多人到处去找 "好"的 NLP 课程去参加的状态了。

❖ NLP 对人生的多个方面都能带来正面影响

NLP 让我们看到更多事情所具有的真实的一面。传统的教育与成长过程的环境因素，让我们容易眼看、耳听表面的东西。有些时候，我们甚至只看到、听到我们自己认为是怎么样的一些破碎材料。这样使我们内向方面与自己的真实感觉疏离，不知道内心的需要；外向方面与环境和身边的人不能和谐相处、不能相互提升。因而，我们活得很辛苦。NLP 能够帮助我们摆脱这个困境，使我们能够活得轻松满足、成功、快乐。

NLP 发展出很多非常实用有效的思想和行为技巧，我从 "大脑如何运作"这方面研究这些技巧怎样产生效果，继而产生更多的技巧。所有这些技巧都能使人生活得更轻松、满足、成功、快乐。NLP 的技巧配合大脑运作的模式去选择思想、语言和行为，因而帮助一个人提升，并对他身边的人产生更加积极的影响。例如：

在处理事情方面，我们如何能把头脑中纷杂的数据更有效地归纳，进而

认识事情的根源，找到解决的方向？（请参考"理解层次"部分）

在推动激励方面，一个人内在的推动机制是怎么一回事，如何使自己更积极？（请参考"信念系统"部分）

在沟通和人际关系方面，每一个人独特的思考模式如何能从其外表快速了解，怎样能够有效地与别人配合？（请参考"内感官与经验元素"部分）

在沟通过程中，一个人运用怎样的言语、声调和身体语言最能使对方接受自己？（请参考"沟通"部分）

在语言运用方面，如何从一个人的话语中得知其困扰的来源，并怎样使其摆脱困扰？（请参考"检定语言模式"部分）

怎样选定一个有意义的目标？怎样能使内心更有效地去支持和完成这个目标？（请参考"缔造成功、快乐的人生"部分）

由此可见，NLP为每一个接触它的人提供了一些实际可行而且有效的方法，使人们有更多机会达到自己能力的顶峰，进而在个人发展、事业工作或者与人相处上都能有显著的提升。

很多人决定学习NLP的起因是看到NLP技巧的快速有效。NLP的技巧的确快速有效。但是，如学习目的仅限于此，便太可惜了。NLP的更高层次是心态的改变，有技巧而没有良好的心态支持，轻者效果不能持续，重者会用技巧去操控甚至伤害别人。所以，我非常强调技巧的提升必须同步跟随心态的调整。

当一个人非常熟练地运用NLP做别人的思想工作时，他会发觉所有的技巧已经不存在，因为他的每一个想法、每一种行为都非常符合NLP的精神，他可以随心所欲、游刃有余地自创技巧，同时非常有效果。到了这个时候，NLP已经变成一种态度——对人生、对生活、对他人、对每一件事都有效的态度。

❖ NLP 的基本精神：12 条前提假设

NLP 的理论及技巧建立在一些前提假设上。学员无须绝对接受这些前提假设，只要暂时假定它们成立——世界上的人、事、物就是这样的，并且以这个假定的态度去处理需面对的情况，然后根据产生的效果去决定下次是否再用同样的假定态度。

NLP 不是追求"真理"或"真相"的学问。NLP 追求效果——在三赢（我好、你好、世界好）基础上的效果。NLP 也不相信绝对，它不是拒绝或者否定"绝对"存在，而是不会花时间去寻找或者证明"绝对"是否存在。NLP 有一句名言："没有事情是绝对的，包括这一句话。"

"绝对"是把焦点放在超越这一次（当下的情况），是把焦点放在每一次、很多次上面。这样，我们便忘记了我们是在这一次、当下的情况里感到需要处理问题，而不是任何的其他一次。处理当下的情况，才是我们需要专注的事。当我们把焦点放在任何其他东西上，我们便无法活在当下了。

香港 NLP 之父徐志忠老师说："前提假设是 NLP 的免疫系统。"无论什么思想或行为，你用 12 条前提假设过滤一次，便不会产生多大问题，并且已经是非常"NLP"了。

（1）没有两个人是一样的。

No two persons are the same.

（2）一个人不能控制另外一个人。

One person cannot change another person.

（3）有效果比有道理更重要。

Usefulness is more important.

（4）只有由感官经验塑造出来的世界，没有绝对的真实世界。

The map is not territory.

（5）沟通的意义决定于对方的回应。

The meaning of communication is the response one gets.

（6）重复旧的做法，只会得到旧的结果。

Repeating the same behavior will repeat the same result.

（7）凡事必有至少三个解决方法。

There are at least three solutions to every situation.

（8）每一个人都选择给自己最佳利益的行为。

Every one chooses the best behavior at the moment.

（9）每个人都已经具备使自己成功、快乐的资源。

Every one already possesses all the resources needed.

（10）在任何一个系统里，最灵活的部分便是最能影响大局的部分。

In any system, the most flexible person has the control.

（11）没有挫败，只有反馈信息。

There is no failure, only feedback.

（12）动机和情绪总不会错，只是行为没有效果而已。

Intentions and emotions are never wrong, only the behavior has not been effective.

以下是比较详细的解说。

没有两个人是一样的

没有两个人的人生经验会完全一样，所以没有两个人的信念、价值观和规条会一样；没有两个人对同一件事的看法能够绝对一致，因此没有两个人对同一件事的反应会是一样；没有两个人的态度和行为模式会完全一样，也因此，发生在一个人身上的事，不能假定发生在另一个人身上也会有一样的结果。一个人会做的事，另一个人不一定会做。人与人之间的不同，构成了这个世界的奇妙和可贵。尊重别人的不同之处，别人才会尊重你独特的地方。每个人的信念、价值观和规条都是在不断演变中，所以没有一个人在两分钟内是一样的。两个人之间即使信念、价值观和规条不一样，仍能够建立良好沟通或者良好关系。给别人空间也就是尊重别人的信念、价值观和规条，这样才能有良好的沟通和关系。同样，自己与别人的看法不同，也是正常的事。在尊重别人的信念、价值观和规条的同时，我们也有权利要求别人尊重我们的信念、价值观和规条。

一个人不能控制另外一个人

一个人不能改变另外一个人，只能改变自己。每个人的信念、价值观、规条系统只对本人有效，不应强迫别人接受。改变自己，才有可能改变别人。一个人不能推动另外一个人。每个人都只可以自己推动自己。找出对方的价值观，创造、增大或转移对方在乎的价值，对方便会产生推动自己的行为。一个人因此不能"教导"另外一个人，只能引导另一个人去学习。因此，一个人不能希望另外一个人放弃自己的一套信念、价值观和规条，而去接受另外的一套。好的动机只给一个人去做某一件事的原因，但是不能给他控制别人或使事情恰如他所愿发生的权利。不强逼别人跟随自己的一套信念、价值观和规条，别人便不会抗拒。同样地，我们只能自己推动自己。

有效果比有道理更重要

只强调做法正确或者有道理而不顾是否有效果，是在自欺欺人。在三赢（我好、你好、世界好）原则的基础上追求效果，比坚持什么是对的更有意义。"讲道理"往往是把焦点放在过去的事上，注重效果则容易把注意力放在未来。效果是计划的基础，也是所有行动的指针。因为没有两个人的信念、价值观和规条是一样的,所以没有两个人的"道理"是一样的。那么,坚持道理,只不过是坚持一套不能放在另一个人身上的信念、价值观和规条。真正推动一个人的力量是在感性的一边,要有效果就要加上理性方面的认同。因此,有效果需要一个人的理性和感性上的共鸣。没有效果的道理背弃了信念和价值的规条,需要加以检讨。有效果和有道理往往可以并存,但必先从相信有这个可能的信念开始。只追求有道理但无效果的人生,难以获得成功、快乐的体验。

只有由感官经验塑造出来的世界,没有绝对的真实世界

每个人运用自己的感觉器官把资料摄入头脑,因为不可能,也不需要捕捉所有资料,所以感官运用总是对客观世界的资料进行主观选择。摄入的资料经由我们自身的信念、价值观和规条过滤而决定其意义,也因此能储留在头脑中。我们的信念、价值观和规条是主观形成的,过滤出来的意义也是主观的。我们每一个人的世界都是用上述方式一点一滴地塑造出来的,因此是主观的。我们只能用这种方式建立对这个世界的认知,没有其他的方法。这就导致一个结果——对于特定的一个人而言,没有绝对的真实,只有主观的真实,或者相对的真实。每个人的世界都在他的脑子里,我们是凭大脑中对世界的认知去处理每一件事。因此,改变一个人脑子里的世界,这个人对世界中事物的态度便会改变。改变主观经验在大脑里的结构模式,便会改变事物对我们的影响和我们对事物的感受。因此,无须改变外面的世界(我们无法知道它是怎样的),只需改变我们自己(脑里的世界),人生便有所改变。事情从来都不会给我们压力,压力来自我们对事情的判断和反应。情绪从来不是缘于某人的言行或环境里出现的转变,而是缘于我们对那些言行或转变的态度,也就是我们的信念、价值观和规条。

沟通的意义决定于对方的回应

沟通没有对与错，只有"有效果"与"没有效果"之分。自己说得多么"正确"没有意义，对方收到你想表达的信息才是沟通的意义。因此，自己说什么不重要，对方接受什么才重要。话有很多种表述方法，使听者能够接受说话者想要传达的全部或大部分信息的表述方法，便是正确的方法。在沟通过程中，以言语和身体语言进行沟通比文字更有效。在潜意识层面发出与接收的信息比意识层面的信息多得多。没有两个人对同样的信息有完全相同的反应。说话的方法由讲者控制，但是效果由听者决定。改变说话的方法，才有机会改变收听的效果。沟通成功的先决条件是和谐气氛。听者的抗拒是对讲者说话方式不够灵活的指控。

重复旧的做法，只会得到旧的结果

做法不同，结果才会不同。如果你做的事没有效果，那么请你改变你的做法。任何具有创新思维的做法，都会比旧有的多一分成功机会。希望明天比昨天更好，必须用与昨天不同的做法。改变自己，别人才有可能改变。世界上每样事物本来都在不停地改变，不肯改变的便感到压力越来越大，最终面临淘汰或失败的威胁。因此，只有不断地改变做法，才能与其他事物保持理想的关系。"做法"是规条，目的是取得效果，把焦点放在取得效果之上，就要不断地修正做法。改变是所有进步的起点。有些时候，必须把全部旧的想法放下，才能看到突破的可能性。过分专注于问题本身，便会看不到周边的众多机会。

凡事必有至少三个解决方法

陷入困境的人，就是处理事情只用一种做法，并固执地认定除此之外别无选择。对事情有两种做法的人也会陷入困境，因为他给自己制造了左右两难、进退维谷的局面。有了第三种做法的人，很快便能找到第四种、第五种甚至更多的做法。有更多的做法，就会有更多的选择，有选择就是有能力。现在不成功，只是说明现在用过的方法都得不到想要的效果。没有办法，只是说明已知的办法都行不通。世界上尚有很多我们过去没有想过，或者尚未认识的方法。只有相信尚有未知的有效方法，才会有机会找到它并使事情改变。不论什么事情，我们总有选择的权利。"没有办法"使事情画上句号，"总有办法"则使事情有突破的可能。"没有办法"的想法对你既然没有好处，你就应停止想它；"总有办法"的想法对你有好处，你就应坚持这样想。为何不使自己成为第一个找出办法的人呢？

每一个人都选择给自己最佳利益的行为

每一个人做任何事都是为了满足自己内心的一些需要。每一个人的行为，从他的潜意识来说，都是当时环境里最符合自己利益的做法。因此，每个行为的背后，都必定有正面的动机。了解和接受其正面动机，才容易引导一个人去改变他的行为。动机不会错，只是行为有时不一定能达到效果（满足背后正面动机的效果）。接受一个人的动机，这个人便会觉得我们接受他。动机往往是在潜意识的层面，不容易被说出来。找出行为背后的动机，最容易的方法是问："希望从该行为中得到的价值是什么？"任何行为在某些环境中都会有其效用。因此，没有不对的行为，只有在当时环境中没有效果的行为。

每个人都已经具备使自己成功、快乐的资源

每个人都有过成功、快乐的经验，也就是说已拥有使自己成功、快乐的能力。人类只用了大脑功能的极少部分，提高大脑的运用效率，很多新的突破便会出现。现在已有大量运用大脑功能的技巧发展出来，人类比以前更容

易提高大脑的运用效率。每一个人都可以凭改变思想去改变自己的情绪和行为，因而改变自己的人生。每天中遇到的事物，都可能含有带给我们成功、快乐的因素，取舍全由个人决定。所有事情或经验里面，正面和负面的意义同时存在，究竟是我们的绊脚石还是踏脚石，须由自己决定。成功、快乐的人所拥有的思想和行为能力，都是经过一个过程而培养出来的。在开始的时候，他们与其他人所具备的条件一样，有能力替自己制造出困扰，也有能力替自己消除困扰。情绪、压力、困扰都不是源自外界的事物，而是由自己内在的信念、价值观和规条产生出来的。不相信自己有能力或有可能，是自己得不到成功、快乐的最大障碍。

在任何一个系统里，最灵活的部分便是最能影响大局的部分

灵活便是有一个以上的选择，选择便是能力。因此最灵活的人便是最有能力的人。灵活来自减少执行自己的一套信念、价值观和规条，多通过观察来充分运用环境所提供的其他条件。灵活就是适应，就是接受。灵活是使事情更快产生效果的重要因素，因此也是人生成功、快乐的重要因素。灵活也是自信的表现，自信越不足，坚持某个模式的态度会越强硬。允许有不同的意见和可能性，便是灵活。在一个群体中，固执使人们紧张，灵活使人们放松。灵活不代表放弃自己的立场，而是允许自己找出三赢的可能性。在沟通中，明白不代表接受，接受不代表投降（放弃立场）。"流水"是灵活学习的最好老师。灵活是用自己的行动去做出改变，而固执则是在被逼的情况下做出改变。

没有挫败，只有反馈信息

挫败只是指出过去的做法得不到期望的效果，是提醒我们需要改变的一个信号。挫败只是在事情画上句号时才能用上，如果想让事情继续得到解决,那么这二字便不适用。挫败是把焦点放在过去的事情上,"怎样改变做法"是把焦点放在未来。挫败是过去的经验,而经验是让我们提升的踏脚石,因为经验是能力的基础,而能力是自信的基础。每次挫败,都只不过是学习过程中修正行动的其中一步。人生中所有的学习,都是经由不断地修正而臻于完善。

想要成功,首先要相信有成功的可能。如果把每次挫败带来的教训掌握了,也就转化成了学习的过程。自信不足的人,其潜意识里总是在找"不用干下去"或者"我就是不行"的借口,"挫败"二字便很容易冒出来。不愿意接受有挫败的可能,便没有资格享有成功的机会。

动机和情绪总不会错,只是行为没有效果而已

动机在潜意识里总是正面的。潜意识从来都不会有伤害自己的动机,只是误以为某行为可以满足某些需要,而又不知有其他做法的可能。情绪总是给我们一种推动力,让我们在事情中有所学习。学到了,情绪便会消失。没有学到,同样的事情还会再来。我们可以接受一个人的动机和情绪,而不接受他的行为。接受动机和情绪,便是接受那个人。那个人也会感觉出你对他的接受,因而更愿意让你去引导他做出改变。不接受一个人的行为,是因为其行为没有效果,而不是因为那个人本身。因此,找出更好的做法,把这当作两人的共同目标,便能使两人有更好的沟通和关系。找出更好做法的方法之一是追查动机背后的价值观。

❖ NLP 部分基本术语简释

在开始接触 NLP 技巧之前，需要先了解一些基本的知识及概念。这些知识和概念，在适当的时候会有更深入的介绍。这里的说明，只是为了使你更容易感受 NLP 技巧的效果。

和谐气氛

人与人之间的沟通，必须在一个前提条件之下才能取得效果，那就是和谐气氛。

和谐气氛，就是让每一个人都放松下来，感到安全，并且对对方有一定程度的信任。在这种状况下，个人与自己的内心感觉联系着，同时大脑里理性思考的部分可以充分运作，因而最能在 NLP 技巧过程中取得理想的效果。

打破状态

当一个人处于某个内心状态（意念、思想及情绪）而导致事情不能顺利进行或对现场环境有负面影响时，另外一个人可通过一些言语或行为即时改变这个人的内心状态，这便是"打破状态"。

用 NLP 做辅导工作时，打破状态是经常需要做的步骤。

打破状态的方法很多，没有指定的言语或行为。总的来说，能使一个人中断原来的思路、言语或行为，从而改变了内心状态的，便算成功。纯熟的 NLP 辅导者只需一两句话便能成功地"打破状态"。

假如你的朋友在参加晚宴之前突然想起一些往事而产生某种情绪，你可以引导他谈谈未来的计划，使他忘却那些往事；又如小孩因为小事而哭泣，可以引导他注意过往的汽车。这些都是打破状态的行为。

未来测试

"未来测试"是 NLP 技巧中不可避免的步骤之一，目的是引导本人或对方想象在未来运用所学到的东西，或者测试所应用的技巧是否有效。通常，一个 NLP 技巧完结后，会先来个"打破状态"，再做"未来测试"，若效果满意，便可以结束整个过程。

若效果不够理想，未来测试将显示出这一点，这时就必须重做一次，或者转用其他 NLP 技巧。

呼气或吸气

身体各部分向大脑传递信息，在呼气与吸气时是不同的，因此身体的机能在呼气或吸气时也会不同。呼气时身体处于一个"放松"的状态，适合于松弛及放松身体各部分时使用；吸气时身体处于一个"强化"的状态，适合于加强、凝聚及提升身体能力时使用。

时间线

人脑对于记忆或思考某件事情是有其时间位置的。一般来说，用右手的人，其"过去"位于左边而"未来"位于右边。距离现在越远的过去或未来时间，则越远离自己的鼻子；"现在"则会在眼前。因此他们的时间线是从左至右，从远至近然后再走远。

有些人的时间线会贯通自己：未来在前面，现在在眼下，过去则在身后。也有一些人的时间线在未经整理之前，是乱七八糟的。

时间线可以很容易地进行调整。调整时间线可以使一个人减少焦虑或者提高积极性。在某些 NLP 技巧中，时间线很可能就是地上一条简单无形的直线。

经验挈

一些事物会使我们回想起往事，因而带回这些往事中本人当时的感受，这些事物便是经验挈。

情绪感受对一个人的思想及行为有很大影响。带他回忆某段往事，他便能重温当时的情节，同时能重获当时内心状况所产生的能力，例如上次打赢球赛或受到赞赏时的自信心。若能在处于一次重大挑战时重获这份自信心，成功的机会便会大大增加。

要准确地重温往事，我们可制造和运用经验挈。在每天的生活里，经验挈经常出现：某首乐曲使我们回忆起一次温馨的约会；某个符号提醒我们小心。国旗、制服，甚至自己的名字，都是经验挈，这些都显示出经验挈如何支配我们的生活。

经验挈是 NLP 最重要的技巧之一。从性质上区分，可分为四种：

（1）视觉型经验挈：中国成语"睹物思人"是对此较为恰当的描述：一件物品、一件家具，甚至一个地点或者位置，都可以成为视觉型经验挈。

（2）听觉型经验挈：校歌、救护车响笛、撞钟声、你的名字都属于听觉型经验挈。

（3）感觉型经验挈：握手、拍肩膀、吻脸、摸头等身体接触。

（4）内感觉型经验挈：一些静坐宗派所采用的"心号"，佛教徒心中念的佛号等。

以上（1）~（3）的经验挈，也可转为内视觉、内听觉、内感觉型的经验挈。

拓展视野

美国人对 NLP 的理解

美国科罗拉多州政府曾给 NLP 下了这样的定义：

"关于人类行为与沟通程序的一套详细可行的模式。虽然它本身并非一套心理疗法，但 NLP 的重要法则可以被运用于了解人类经验和行为，并使之有所改变。NLP 曾被运用于治疗方面，结果被证明是一套效果强大、快速和含蓄的技巧，能够在人类的行为和能力方面形成广泛和持久的改变。NLP 专注于修正和重新设计思想模式，以求获得更大的灵活度和能力。"美国科罗拉多州政府（规章制定部）。

以下是这个定义的英文原文：

Neuro-Linguistic Programming is defined（by the Government of the Colorado State, USA）as:

"A detailed operational model of the processes involved in human behavior and communication. Although it is not itself a psychotherapy, NLP's principles can be used to understand, and make changes in, any realm of human experience and activity. NLP, however, has been applied to therapeutic concerns, and the result is a powerful, rapid, and subtle technology for making extensive and lasting changes inhuman behavior and capacities. NLP deals with modifying and redesigning thinking patterns（for）flexibility and new capacities and abilities." State of Colorado,U．S．A．（Dept. of Regulatory Agencies）

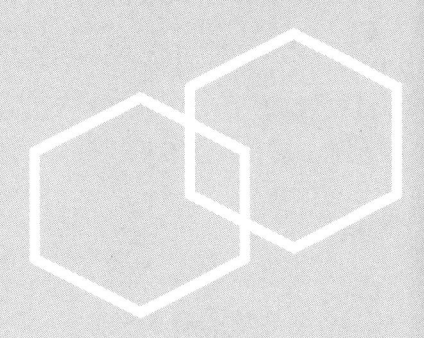

第二章
信念系统

信念、价值观和规条统称为"信念系统"。所有人的内心困扰或者是人与人之间的矛盾，都是来自信念系统的冲突，但这并不是一成不变的，它随着生活体验的改变而不断变化，我们的人生要做到三赢，感受应有的成功、快乐，必须建立更有效的信念，即建立新的神经元网络，改进对待同类事情的想法与做法。

大千世界，每一样事物都以自己的独特性而存在。花有花的娇羞，树有树的风情，海有海的辽阔，山有山的品格。早有哲人说过，世界上没有两片完全相同的叶子，同样不会有完全相同的两个人。人之所以不同，除了遗传基因的巨大差异外，还与他在成长过程中所形成的信念系统有很大关系。一个人面对世界上种种事物的处理态度，所依据的正是他的信念系统。因此，可以说维持一个人在这个世界生活下去的内在法则就是他的信念系统，而这个信念系统的运作模式便决定了这个人的人生是否成功、快乐。信念系统（beliefs system）其实可以分开为信念（believes）、价值（values）和规条（rules）。

◆ 什么是信念

信念就是对"事情应该是怎样的"或者"事情就是这样的"的主观判断，是我们认为维持世界运作下去的法则（这是来自说话者脑子里认知的世界，即主观的法则），是解释和支持行动或没有行动的理由，是解释和支持变化或没有变化的理由，是对于这个世界各种关系的主观逻辑定律。对很多人来说，信念也就等于真理——事情本来就应该是这样的。所以，对信念的拥有者来说（更准确地说是对这个人内心的运作系统来说），信念是绝对的。这点也是很多人的迷惘和困扰的来源。信念是本人认为世事应该是怎样的，但并不能说真理便一定是这样。能够把主观信念和客观真理分开并且认为它们是两回事，便是一个人已经达到一定智慧水平的认证。

每个人拥有的信念数以百万计，无法完全说清楚，因为绝大部分信念都存于潜意识里，不能全部呈现，也不会轻易地在意识层呈现出来。它们在潜意识里默默地照顾我们，支持我们的生活。如果没有信念的支持，我们就会不知如何是好。

我有一个旅行家朋友，他告诉了我他的一次经历。在偶然的机会里他认识了陕西一个很荒凉闭塞地方的村主任。后来他去那个地区旅行，专程去探访那个村主任。那个村是名副其实的穷乡僻壤，很少有外人造访。我的朋友坐在村主任的家里，一间破烂的旧木屋中，跟村主任聊天。有一个村民来找村主任谈事。这个村民先在房门口出现，等到村主任示意让他进来后，他进入屋里，走近村主任，在村主任耳边说话，然后转身出去，整个过程中他没有看过这个到访客人一眼。我这个朋友说，他不明白为何这个村民能够把他当作完全隐形一样。我告诉他，因为这个村民的信念系统里没有关于这个情况的信念：这是怎么一回事，我该怎样做。因为他完全不知道该怎样做，便只得完全不看不理会了。这种现象，在小孩子身上也很容易看到，带他去一个完全陌生的地方（例如一个新朋友的家），朋友走过来跟他说话他装作看不见、听不到，甚至故意乱跳乱吵，就是这个原因。

你或许记得美国"9·11"事件发生时的电视新闻片段，有一个镜头让我印象很深刻：当时两幢大厦倒下来了，画面中有一个人，背后全部是大厦倒下产生的烟雾。这个人满面灰尘，眼睛动也不动，眼里、脸上是一片茫然，他走路的姿势很像一个刚学会走路的婴儿，没有方向感，也看不出他是想走下去抑或停下来。他内心所处的状态就是：原有的一套信念全不管用了，根本就不知道情况是怎么一回事、该怎样做。一个人在这样的状态里很容易出现休克（shock），这可以说是致命的。

第二次世界大战时期的德国军队做过一些很不人道的实验。其中一个就是让被抓来的盟军飞行员坐在椅子上，双手被绑在椅后，用布蒙着双眼，一个德军军官对他说，经过审判决定把他处死，方式是放血！有人用冰块在飞行员双手手腕处轻划一下，然后有预先安排的东西发出滴水的声音。德军人员全部离开房间，数小时后再回去时，发现那个飞行员已经死去！没有真正的流血，他怎么会死亡呢？原来是因为他完全相信自己正在不断地失去血液，很快就会因失血过多而死。这个信念不断地重复，造成身体里真的呈现出失血过多的状态，因而死亡！由此可见，信念是如何支配我们的身体的。

20世纪初期，有人发现某处的丛林里有一个还过着石器时代生活的部落，而且从来没有接触过现代文明社会！这个消息在当时引起轰动，一些专家便组团去做研究工作。原来这个部落一直生活在热带丛林里，世世代代都没有离开过丛林。他们认为丛林就是世界，丛林外面什么都没有！经过好长一段时间，两个热心的专家跟一些土著混熟了，能够与他们沟通，告诉他们丛林外面还有世界。可是无论怎么说土著都不相信，两个专家便想带土著走出丛林，让他们自己感受一下。有几个土著愿意跟他俩去，走了数天，到达丛林的边缘时，几个土著都停下来了。两个专家问他们为什么停下来，土著说："到了尽头，没有路了。"两个专家很不明白，告诉土著再举步往前走下去便可，但是无论怎么说，几个土著都不肯。两个专家决定示范，两人走出了丛林十来步，转身叫土著走过来，但是无论怎么说，土著都完全没有反应，就像没有看到他俩，没有听到他俩说什么似的。两人没有办法只得走回丛林，问土著："刚才你们为什么不走过来？"土著的回答是："刚才你们去哪里啦？为什么你们不见了？"

当一个人坚持一个信念的时候，是会看不到、听不见不符合这个信念的东西的。试想，如果你从来没有见过、听过有电梯（升降机）这种事物，现在你站在一幢大厦的电梯对面。你看到一群人走进去，门关上。然后过了一会儿，门打开了，出来的人，其性别、衣服、面貌都完全不同了，你心里会怎样想？会有怎样的感觉和情绪？这个东西一定是魔鬼或怪物，能够把走进去的人完全改变了，而且这些人完全不自觉！太平洋中的一些岛屿上，土著第一次见到登陆的白人时，他们是怎样想的呢？有些岛屿的土著认定白人是魔鬼，结果便是战争，造成生命的损失；也有一些岛屿的土著把白人当作是上天派来的使者，拥戴白人成为他们的王；还有一些接受白人为同等的身份，让他们留下来，与其和平相处。从这些可以见到，我们对一个人、一件事物，必须有了一些信念，才能知道该怎样行动：行动由信念决定。如果对出现的人、事、物没有什么信念，便必须在记忆经验里找出类似或接近的资料，做一个决定（信念的决定），才能有所行动。找出有关的信念和凭其他资料形成新的信念是潜意识的工作，可以在非常快的过程里完成，可能完全不被意识察觉。

如何证明信念的存在

信念真的有数以百万计那么多吗？真的存在于潜意识里吗？怎样能证明呢？

你现在所坐的椅子有几条腿？有没有想过其中一条腿会突然断掉，使你失去重心而摔倒？你有没有想过你身处的房子的天花板会突然塌下来？你身边的人会突然打你一拳？这个房间的空气里有"非典"病毒？你身靠的墙上或者座椅的材料会使你的皮肤过敏？你身后有一个小偷或者杀人犯？

你可能没有想过这些问题，可是你无法不同意所有这些都是有可能发生的事情。那为什么你会没有想过？为什么你没有担心呢？那是因为你内心那些跟这些事情有关的信念是：这是不会发生的。现在想一想，如果不管什么理由，你的信念就是认定上述事情是有可能发生的，你会有怎么样的不同？你会马上离开这个地方。如果你不能离开呢？你会有怎样的内心状态？也许你会不能集中注意力继续看下去，而且不断地用忧虑、怀疑的目光四处搜索：危险会在哪里出现？由此可见，你内心的信念怎样无声无息地在支持你——或者说操控你——用什么方式去处理当下的情况。我随便说了六种可能性，类似这样的可能性，以及包括引申出来的其他可能性是无法估量的。

我再多举一个例子：想象你是我的一个多年好友，现在来探望我，看到我非常不开心，问我什么事，我说："我真的是非常不开心，因为我的儿子很不孝顺我。"身为我的多年好友，你会有怎样的反应？

现在改变一下，假如我的回答是"我真的是非常不开心，因为我的妈妈很不孝顺我"。你又会有怎样的反应？

决定你在这两种情况下的反应的，是你的信念：子女应该孝顺父母。当情况符合了你的信念，你自然就能听进去，并且自然地给予适当的回应，例如安慰我、开解我。而当情况违反了你的信念，你便会感到奇怪、惊讶、反感，甚至不能相信而问我："你说什么？"

通过上面多个例子，你现在会明白一个人的信念怎样影响他的思想、语言、行为、生活乃至人生。如想有更好的人生，我们必须多了解信念系统。

信念绝大部分存在于潜意识里，只有在两种情况下信念会在意识层出现：当信念受到冒犯或者挑战时，当这个人自觉地反省时。

信念的种类

（1）定义式（相等式）。

确定事物的意义，一项事物与另一项事物的意义相同。

常见的用词包括：XX 是 YY、即是、等于、就是、便是等。例：沉默就是投降。

（2）因果式。

一项事物导致另一项事物的产生。可以是直接明确的，例：因为你没有来，所以我失败了；也可以是隐藏的，例：我很累，不能帮你。

常见的用词包括：引起、使得、迫使、造成、以致、导致、如果、因此、因为……所以、终会、终于、结果、将会、只会等。例：不良沟通造成婚姻失败；如果你不开口便不会这样了。

（3）规条式。

事物中的选择性受到限制，常常表现为一个人或一件事的能力水平或限制，常见的用词包括：能/不能、可以/不可以、可能/不可能、需要/不需要、应该/不应该、必须/必须不、不得/不得不、认为……必要/认为……不必要等。例：他需要培训才能胜任；他不可以这样就离开。

事情发生的概率，常见的用词包括：会/不会、也许会/也许不会、可能会/可能不会等，还有一定、绝不会等。例：这不会出现；那样做一定失败。

一个人的主观愿望，常见的用词包括：会/不会、要/不要。例：我会成功。

（4）判断式。

事实上，所有的信念都是判断。这里指的可以算是最简单明确的判断模式，就是把对事物的主观猜测当作必然。

判断式的信念往往没有特定的用词，而只是带着肯定语气来描述事物。例：他不成；我输了；三次才对。

信念形成的四个途径

（1）本人的亲身经验。例如，曾被火烧伤而知道火能伤人。

（2）观察他人的经验。例如，在课堂上见到同学顽皮而受罚，因而知道某些行为不可以在上课时出现。

（3）接受信任之人的灌输。例如，父母说要提防陌生人，所以我们对不熟悉的人有抗拒之心。

（4）自我思考做出的总结。例如，某人总是拒绝我的善意，苦思之下，终于认定是因为他妒忌我升迁比他快。

上面的四个途径之中，第三和第四个途径需要特别注意一下。父母、长辈、老师等人在一个孩子成长的过程中会灌输很多信念给他。灌输的方式有两种：一是直接语言灌输；二是行为灌输，就是在他们怎样做、怎样对一些事情做出回应的过程里，孩子看到、听到而形成了信念。父母、长辈、老师等人灌输给孩子的信念，其中绝大部分是好的，也帮助了孩子成长，但是有些时候，也会有例外。有一位母亲，对女儿说一个男人最重要的是要有上进心，女儿谈恋爱时挑选的就是一个很有上进心的男子。十年后他俩分手了，原因就是那个男子太有上进心了，总是忙于工作和事业而没有给家庭足够的时间。这个时候她才明白，男人的上进心对她的婚姻幸福而言并不是最重要的。

第四个途径也常常会导致不恰当的信念。在一个新出现的情况下，以前的信念不管用，需要新的信念去支持行动。例如，在新的工作环境里，一个人总是对我的问候不大有反应，这没有先例可供我参考，在苦思之下，我得出一个结论：他妒忌我有能力。现在，凭着这个信念，我便知道如何对待他了。由此可见，行为需要信念的支持。但是，这仅是自己思考而建立的信念，可能很片面和主观。而思考的速度很快，说过一千次的谎言都可以变成真理，在脑子里重复一千次"他妒忌我有能力"的结论，很快便是"一定是这样"的"真理"了。然后，带着这样的心态，只看到、听到并配合这个信念的东西，很容易便把自己困在绝境中！

事实上，没有一种信念在所有的情况下都绝对有效。绝大部分的信念都能帮助我们成长和处理生活中出现的情况，但也有少部分是因为我们接收时没有好好地理解和消化，或者欠缺全面的定位（与其他信念契合），因此在某些情况出现时，发现有冲突存在。我们称这些信念为"局限性信念"或者"障碍性信念"（limiting believes）。

很多父母对孩子说："读完书、做完作业才应该玩耍。"这句话背后的信念是：读书与玩耍是对立的。这点表面上没有什么问题，玩耍带来开心，而读书需要认真，所以开心与认真也就对立了。这点仍没有问题。再进一步，开心意味着快乐，而认真是将来取得成功所必需的品质之一。现在，"快乐"与"将来成功"对立了。就是这样，很多人培养出"认真与开心、成功与快乐都是对立的"的信念，使一个人每当做事时都严肃紧张，不能放轻松。这样，大脑并不是处于效率最佳的状态，想出来的办法、取得的效果都未必是最好的，而且容易引起健康、情绪、人际关系问题。

如果一个人能够在不良经验之后反省，明白了问题所在而改变自己的信念，他以后便能够有更好的人生；如果他坚持没有效果的信念而只是不断地埋怨别人、埋怨环境，他便会使自己陷入困扰之中。信念本应是一个人所拥有的工具，其作用与其他人生工具一样：帮助这个人建立成功、快乐的人生。如果一个人把某件工具放在比自己的人生更高的位置，不惜牺牲本人人生的成功、快乐去坚持一个信念，他便本末倒置了。有些人对一些信念如对宗教里的神一般，为坚持这些信念甘愿长期承受辛苦而徒劳无功，甚至愿意为这些信念而死。他们会得到很多人的尊敬，但是却不能运用自己的力量去做出更多、更好的事，也不会有成功、快乐的人生，这很可惜。

信念必须有价值观的支持。信念的改变，也需要来自价值观的改变。

信念可以更换，但也不一定必须更换，因为信念还可以修正、扩充（兼容），甚至暂时挪开，改用另一个信念，直到在效果上有了突破，再捧出原来的信念去继续奉行。

妨碍成长的信念

想象一下：如果你的目的地是广州，但同时相信你正在走的路不会到达广州，你的感觉会多糟？与此相比，如果你每天都在辛苦地为改善自己的生活而忙碌，但同时你相信你没有资格过得好一点，你的内心是一种怎样的感受？

很多人在童年的成长过程中，充满被别人否定的经验，累积下来，内心对自己的定位就是："我不会成功，没有成功、快乐地去生活的资格。"由此形成了很多妨碍成长的信念。任何类似这个方向的想法，都是源于这些妨碍成长的信念。今天的社会里，你每天都能够听到这一类的说法，其中一些十分明显："做了又有什么用？""我的命怎么会这样不好？""我不相信我能做到。"比较隐晦的会是："整个社会都是这样，没有办法！""什么都试过了，没有用的。""我已经尽了力。""为什么他不改变而要我改变？""是他们的错嘛！"

该怎样知道哪些信念妨碍成长呢？任何会使一个人减少生活得更好的机会、减少有更好明天的可能性的信念，都是妨碍成长的信念。确切地说，妨碍成长的信念有以下几个种类：

（1）使自己失去学习机会，因而不能有所提升的信念。例如："他哪里会有什么好主意！""你没有资格教我！""你是什么身份，竟敢对我提出意见！""这样做不会有用。"

（2）使自己留在原地、停滞不前的信念。例如："现在已经够好了，不敢妄想得到更多。""在这个环境里，我们应该知足。""今天已经这么辛苦，哪有时间去想明天的事。""保持这个状态便已经够好了。"

（3）减少自己有更多选择的可能性、限制本人能力发挥的信念。例如："我不应该那样冒险。""我不应该这样贪心。""这样太过分了，我不允许自己这样想。""以我的身份，怎能随便上前跟他谈话？""我不敢去尝试，我怕失败。""做人应该满足，不要妄想。"

（4）把责任交给其他的人、事、物，因而自己无能为力。例如："是他们不对嘛，为什么要我改变？""人在江湖，身不由己！""这样的环境，我还能做些什么？""事情这样发展，我只能叹息！""他们不做，我也没有办法！"

（5）把原因归结为一些不能够控制的因素，因而不能挑战或者改变。例如："这是天意，没有办法！""我天生就是这样，怎么办？""你不能改变世界的定律！""那是超自然现象，科学没法解释。""你不能解释的便不应该做！"（这里我们不需要把焦点放在科学能否解释上，而应注意我们能够控制的无数选择。）

（6）抱持自己"没有资格"的信念。例如："我只希望我的人生能安稳，从没想过会有大富大贵的日子。""我哪会有那么幸运？""做到像他那样成功？你不是说笑吧？""有做老总的一天？从来没有想过。""我就是这样的一个人。""活得像李嘉诚？别做白日梦吧！"另外一种"没有资格"的态度就是坚持没有效果的做法，当有新的方法出现时，便找其他的借口去拒绝考虑或接受，例如："他说话的态度不好，我接受不了。""他想出来的哪里会有好东西？""用他的方法，那么我的尊严怎么办？"而忘记了追求效果（三赢基础上的）、追求人生的成功、快乐，才是最重要的考虑因素。

有这些信念的人，常用冠冕堂皇、不易辩驳的虚泛语言做挡箭牌（例如"应该知足""做人不可以那样""安分守己"等）。这些虚泛语言只会使人把注意力放在无能为力和没有效果的地方。事实却是：每个人，只要活着，总有能力使自己增加一点成功、快乐，同时使其他人、事、物维持在好的状态。很多成就大事的大人物，都是由允许自己有梦想，并在思想上做出突破而开始的。

一个人或许出生在一个多灾多难的家庭之中，因而会被很多家庭问题困扰；也许他的成长过程充满不幸，孩童时期不断地受到伤害，造成众多心理障碍；他也可能在生活里有不少的悲惨遭遇，或许他去年因车祸而失去一条腿，还可能失业、妻子病逝等。假如有一个人如此不幸，上述的情况全都发生在他身上，他仍然可以决定下一分钟享有他可以享有的快乐：他能够选择与左边的人吵架，也可以选择与右边的人说笑话。就算没有人在身边，他也可以选择想一些使自己开心或者不开心的事。

所以，只要我们还拥有生命，我们就有能力、权利和资格在众多选择中决定自己可以有多少成功、快乐。这个权利，没有任何东西能够把它夺去。

以此为前提，没有人可以推诿自己的责任：每个人本来就有绝对的能力和权利去使自己活得好一点！

关于身份的局限性信念

一个人最严重的"局限性信念"是三类关于"身份"的信念：

（1）"能力性"的局限信念，即"我没有能力"（helplessness）。例："我不能放松。"解决的方向是认识本有的庞大能力（capability）。

（2）"可能性"的局限信念，即"我没有可能……"（hopelessness）。例："我这个病不会好了。"解决的方向是看到希望（hope）。

（3）"资格性"的局限信念，即"我没有资格拥有美好快乐的人生"（worthlessness）。例："我的命生成这样，是应该受苦的。"解决的方向是感觉到自己也可以有美好的人生（deserving）。

在众多的妨碍成长的信念中，杀伤力最大的一个就是"我没有资格"。假如一个人认定了自己是一个不会成功、不能有快乐的人，那么，无论别人怎样说、自己怎样做，在心灵深处都只会找寻自己不会成功、不能快乐的证明。

在中国人中，拥有"我没有资格"这一信念是常见的现象，中国的传统家庭教育容易培养出有资格性局限信念的人。很多受导者的表现，表面上似乎是能力性或可能性的局限信念，但是经过细心分析后发现，其实都是资格性的局限信念。

❖ 什么是价值

价值是事情的意义和一个人能够在事情里得到的好处。在这件事情里什么最重要？这件事可以给我带来些什么？或者凭这件事情我可以得到些什么？弗洛伊德说过，一个人做一件事，不是为了得到一些乐趣（正面价值），便是为了避开一些痛苦（负面价值）。所以，价值是做与不做任何事的原因。也因为如此，推动一个人的方法必然是在价值观上下功夫：他在乎一些什么样的价值，以及怎样在要他做的事情里增加这些价值。这就是说，需要了解这个人对于这件事情的价值观。

任何一件事情给我们的价值都不会是仅仅一个，只是我们没有注意到而已。而在一件事给我们的众多价值里，一些价值比其他的价值更重要，因此这些价值被我们根据其重要性而做出排序。我们会放弃一些比较低的价值去保护一些较高的价值。在事与事之间的选择上，我们也会凭着它们能提供的价值高低进行取舍。

事实上，你若细心想想便不难看出，任何事情都带给一个人非常多的价值，有正面的（心中想要的），也有负面的（心中想避开的）。它们按着价值的正负和轻重，在一个人的潜意识里排列：从最想要的正面价值，到轻微的正面价值，到轻微的负面价值，到最不想要的负面价值，呈一个"U"形。我们做事情的推动力，便是按这样的次序被这些价值操纵着，从最左边的最高推动力（趋前争取），到中央的没有推动力，到右边的反推动力（后退逃避），呈一个"\"形（如图2-1）。我们就是这样被自己潜意识里的价值观操控着对每一件事做出反应。我们必须记住：不同的人对同一件事有不同的价值观。事实上，没有两个人对同一件事情有相同的价值观。

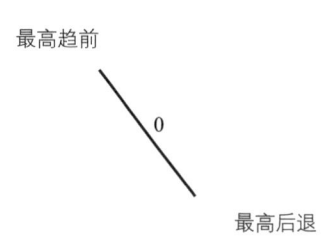

```
        最高趋前
            \
             \
              0
               \
                \
                 最高后退
```

图 2-1 价值操纵推动力

如果在一件事里有两个高低不同的价值，我们容易取舍，但是如果这两个价值是同等轻重而只能争取其中一项时，我们就会感到困难。这时，我们便踌躇不决了。所以，如果一个人有清晰的价值观（在乎些什么价值、每一项价值是什么意思、一件事里有哪些价值），处理事情和做出决定时便能爽快利落。NLP有一个技巧："价值定位法"，能够把一件事里面的价值（本人在乎的价值）清晰化和按其轻重排列出来。

我们在一件事上的价值观，就算有了清晰的轻重排列，仍会出现困扰的情况，因为在意识和潜意识里事情的价值排列常常是不同的。例如，一个人老是说工作是为了金钱，但是虽然他享有一份收入不错的工作，却总是觉得不开心。经过引导，他才明白内心（潜意识）里很需要得到上级的肯定，并且渴望有学习的机会。由此可见，他在意识里认为这份工作的最大价值是金钱，而他的潜意识则把上级的肯定和学习的机会放在更高的位置。

世界上有很多人知道应该怎样去做才对，但总下不了决心去做；知道什么不应该去做，但总会偷偷地做，就是因为他的意识和潜意识有不同的价值排列。

价值可以被创造、增大和转移

一个人的价值观不是永恒不变的。青年时代他可能追求乐趣和别人对他的接纳，中年时代他强调金钱、收入和地位，而老年时代他更在乎安稳和被人尊重。事情给我们的价值也不是固定不变的。更正确地说，价值观随着环境、经验、思想和情绪而不断改变。价值也可以人为地被创造、增大和转移。以下是一些日常生活和工作中的例子。

创造价值：把重复和沉闷的工作分开为几个分量相等的部分，每完成一个部分时都计算一下速度，尝试不断地打破完成上个部分的速度；或者与同伴比赛，谁先完成任务便给对方打电话；又或者告诉更多人你准备完成某件事，你便会更用心地把事情做好：因为你在乎众人对你的肯定。

增大价值：怎样在每天的工作中学习到一些新的东西？在见到每个人的时候，试着找出他有些什么专长，或者找出一些他处事的信念基础。下次在哪里、怎样做可以有所突破？正在做的事情对你未来的长远目标会有怎样的贡献？

转移价值：不再为上级的肯定，而是为了提高自己的水平而做好工作；把销售人寿保险的目的从赚钱改为帮助别人并使其家庭得到保障；不再想眼前的事对一年后的目标有些什么作用，把注意力集中在怎样使当前的顾客满意。

推动和激励

推动或者激励一个人，就是找出他所注重的价值，并且创造、增大和转移这些价值。这样，这个人便对那件事情有兴趣，会自动、积极和认真地去做。有一些价值，是每个人都会在乎的。例如，在工作上除了薪酬福利外，能够得到别人的尊重，工作过程中感到开心，从工作中有所收获，感受到公司或上级对自己的关怀等因素都可以对人产生推动作用。推动小孩子的秘诀也在这里：不论是看书、温习、做功课或者参与家务，只要在想让他做的事里加上一些小孩子所注重的价值，家长的困扰便会消失。小孩子在乎的价值不外乎下面数项：新奇、意想不到、变化多、节奏快、神秘、刺激、挑战、竞赛、有机会得到肯定等。

所有的企业管理、亲子技巧、业务销售的推动或激励概念及技巧，都是以上面的道理作为理论平台，任何有效的推动和激励方法，都是创造、增大和转移了被推动的人所注重的一些价值。

◆ 什么是规条

规条是事情的安排方式，也就是做法。规条的存在，完全是为了取得事情中所体现的价值和实现一些信念。规条会涉及人、事、物的组织安排和活动，因此有清晰的动词在其中。

当一个做法无效时，我们便要在坚持信念与价值，或者坚持规条（做法）之间做出选择。本来，怎样选择是很明显的：既然规条是为了取得价值和实现信念，当规条无效时，我们应当坚持信念与价值，而改变规条。就像当一条路线不能把你带到目的地，你当然会改变路线，而坚持到达目的地。但是在现实情况中，人们往往不是这样：虽然做法已经明显无效，他们仍会坚持规条，因而距离信念与价值越来越远，这造成他们的困扰、辛苦和压力。为什么会这样呢？原来规条可以有意识地谈论、思考、看见，而信念及价值观则深藏于潜意识里。人们都习惯了意识思考、逻辑分析，而潜藏在潜意识中的信念价值，则无法在意识思考中出现，而只能用感觉去做无声抗议。这就是为什么我们要学会与潜意识沟通。对这点没有了解，一个人便容易陷入重复无效行为的困境里。

坚持无效的规条而忽略了所追求的价值和所信奉的信念，在很多人的生活里、很多企业的经营里经常出现。这样的情况，使当事人很困扰：辛苦努力但总是没有结果。

例1：一位太太用不断抱怨、闹情绪的方式向丈夫表达自己需要更多的关注，而丈夫因为工作压力大，回家见到太太这样便找理由外出。太太处理这种回应的做法是给丈夫更多的抱怨，并持续闹情绪，结果丈夫下了班不想回家，在外流连不返，后来认识了一个女友，产生了感情，从而成为这段婚姻的致命伤。

例2：很多母亲都因为孩子不听自己的话而感到苦恼，她们没有注意到在最初几次给孩子指令但孩子没有听从的时候，就应改变做法，而不是坚持使用同样的做法。

坚持无效做法的人，最常用的理由是他们的做法是"对的"。每当头脑中有这个意识时，大脑中负责以下功能的部分便会停工：分析、找寻其他可能性、找寻其他行为选择、解决问题、风险评估、未来策划。

坚持规条而忽略了信念价值的人，通常有两个特征，第一个特征是过分地强调原则和理论，这一点我们可以很容易地从其语言中知悉，这些人在成长的过程中被教导重视一些冠冕堂皇而抽象的"道理"。试翻阅古代的书籍，每一页每一句都是"应该怎么样"的道理，但是如何才能做到，则没有说出来。这类人往往喜欢用这些无法否定的"道理"去批判别人。第二个特征是这些人有一个很深层的、关于"身份"的"我没有资格"的障碍性信念。这一点需要细心观察才能发现。带着这个信念的人，会不自觉地把自己拒于成功、快乐的大门外，会坚持去重复一些无效果的做法。

❖ 信念、价值观、规条的相互关系

信念就像一幢建筑在浅水处的房屋,由一根一根柱子支撑着。房屋是信念,而柱子就是价值。这就是说,价值是支持信念的东西。信念改变了,就如房屋的位置改变了,水里支撑的柱子一定有了改变。也可以说是:改变价值,信念便能改变。

以下举了一些例子去阐释信念、价值观和规条之间的关系。

例1:"人与人之间应该互相尊重,这样我们才能被群体接受,在群体中感到安全。所以,我们每天早上见面时都互道早安。"

信念	"人与人之间应该互相尊重"。信念中常有"应该""必须"等词语,以显出其绝对性、普遍性,但是所用的动词所体现出的动作色彩是不明显的
价值	"被接受""感到安全"
规条	"互道早安"这个行为,目的是使人们取得"被接受"和"感到安全"的价值,并且实现了"人与人之间应该互相尊重"的信念。其中,所用动词"互道"的动作色彩十分清晰

例2:"我不会成功的,参加了只会令我辛苦而又得不到收入,我昨天已经推却了邀请。"

信念	"我不会成功"。涉及个人的信念语中多有"一定""不会""必然"等词语或隐含意思,以显出其绝对性。动词的动作色彩也是不明确的
价值	"令我感到辛苦""得不到收入"
规条	"推却了邀请"。这个行为,保证了不会得到那些负面价值,并且实现了"我不会成功"的信念。所用动词"推却"的动作色彩也是清晰明确的

例3:"每个有上进心的人都应该不断地增加学问,因为学问多了,别人才会尊敬他,找工作更容易,升职也会快一点。所以你应该多看点书,多

学习一些课程。"

信念	"有上进心的人都应该不断地汲取学问"。注意"应该"二字的出现，所用的动词是虚泛的
价值	"别人的尊敬""容易找工作""快点升职"
规条	"多看书，多参加课程进修"。这样做是为了取得上面的价值和实现那个信念

该注意的是：信念和规条往往容易混淆，因为两者都常常有"应该"二字出现。其实，它们不难分辨。因为规条总是为了实现信念。所以，规条是在信念之下，在支持信念。而且实现信念的方法也不会只有所说的规条，必然有其他的方法，如果仅仅是坚持那则规条也许不能实现信念。上面例1的"互道早安"是为了实现"人与人之间互相尊重"的信念。"互相尊重"不一定用"互道早安"才能体现出来。事实上，在欠缺某些条件的情形下"互道早安"，甚至不能保证能够实现"人与人之间互相尊重"这个信念。例3也是一样，"多看书，多参加课程进修"是为了实现"求上进的人都不断地增加学问"的信念。这个信念也不一定只有凭看书和参加课程才能实现。同时，如不注意看的是什么书、参加的是什么课程，即使再多做这些，也不一定会增加学问。

一个人对国家的理想（"我们的政府应该……"）是信念，他相信政府如果这样，人民（包括他自己）便会有一些好处，例如安居乐业。为了确保人民能享有这些好处，政府也应订立法律。法律就是社会中的规条。一家工厂或企业的守则，就是它的规条。你问工厂的负责人为什么要有这些守则，他一定会给你充满信念、价值的回答。

这里对价值观与规条的意义，和它们对人生的影响，做一个总结：

（1）信念、价值观和规条统称为"信念系统"，是一个人的人生观、意念行为的思想基础。信念系统操纵着我们人生里的每一件事，是做或不做任何事的基本决定因素。信念系统也是我们对事物做出判断的基础和依据。信念系统使我们的大脑能自动地去思考和行动。自动的意思是由潜意识完全控制，由意识去注意环境中出现的信息。

（2）人是不会也不可能没有信念、价值观和规条而生存的。事实上，只要一个人处于他不大熟悉的环境里，他便会忐忑不安，就是因为他缺乏应对该环境的某些信念、价值观和规条。

（3）信念系统有一个外壳，就是态度。所以，态度其实是BVR（Believes-Values-Rules）的表征。只有当一个人的信念、价值观或规条有所改变时，他的态度才会改变。

（4）一个人的信念系统加上态度，简单地说便是此人的性格。

（5）信念是事情应该是怎样的，是事情的原因；价值是事情的意义，其中什么重要、可得到怎样的好处等；规条是事情怎样安排才能取得价值，实现信念。其实，价值和规条也是信念的一部分，是具有特别性质的两个信念部分。

（6）信念系统是从生活经验中总结出来的处世模式，让我们无须每件事每次都重新学习而知道怎样应付。因为信念系统的存在，我们可以运用过去的经验有效率地处理当前情况，因而使我们有更多时间去做更多的事。

（7）一个人在出生时是没有信念系统的。所有的信念、价值观和规条，都是在他成长的过程中经由生活体验而产生的。因为人们永远都有新的生活体验，所以一个人的信念系统也从不停留在静止状态，而是不断地处在改变之中。一个人的性格是可以改变的，也因为没有两个人的全部生活经验会一样，因此没有两个人的信念系统是一样的。

（8）每个人的信念、价值观和规条的数量极为庞大，但是绝大部分储留在潜意识里。在任何时候，一个正常的人只有极少数的信念、价值观和规条存在于意识层次。每当某些信念、价值观或规条受到了冒犯，负面情绪出现时，受到冒犯的信念、价值观或规条便会清晰地在意识层次出现（可以说出来）。

（9）所有人的内心困扰，都是来自一些信念、价值观或规条的冲突。而人与人之间的冲突，也是起源于两者内心的信念、价值观或规条的差异。

❖ 改变信念系统的技巧

一个人的思想、情绪和行为，都受他内心的信念系统所支配。一些局限性的信念，会使这个人每当面对某些人、事、物的时候，不能做到三赢，并感受不到应有的成功、快乐。过去积存的选择也就是他头脑里现有的神经元网络，这些选择虽然无效，但每次遇到同一件事，都只会重复那不理想的效果。欲想他有更好的表现，必须先让他建立一些更有效的信念，也就是建立新的神经元网络去改进对待同类事情的想法与做法。

松动信念的方法

以下方法可以对所持的信念做出审视和界定，因而能够使之松动。所用的例子是一位家庭主妇应否每天都等待丈夫回家一同吃饭。

（1）改变标签。

例："不等待他回来便吃东西是不尊重他。"（标签）

"不等待他回来便吃东西是照顾自己。"（新标签）

（2）改变标签的定义。

例："自己因为太饿而没有气力，从而产生抱怨情绪，他回来后你不能给他好的照顾，这才是不尊重他呢！"

（3）审视背后的动机。找出事情背后的正面动机，这往往需要找出更高的理解层次，即更大的意义、更广的覆盖面或范畴。可以问："这样做会让你变得怎么样？会给你一些什么重要的东西？"这样有可能让这个主妇看到改变的好处。

例："不等待他回来便吃东西，使我有气力做好家务，进而把东西收拾好，怀着轻松愉快的心情等待他回来。"

（4）极度延伸。把维持旧信念的终极结果明显化。引导她自问，或者对她说："你继续这样做，最终会有什么结果？"

例："继续这样做，偶然的胃痛会变成长期的胃病，身体坏了，什么事情都做不好，情绪也会越来越坏，两人的关系会越来越紧张。"

以上过程，最好是引导对方制造一些有视觉、听觉和感觉元素的未来景象，这会产生支持改变信念的动力。上面的例子，其实真正的突破点可能是教导这位家庭主妇如何与丈夫共同讨论晚饭时间的安排，但是这位女士必须先让内心的旧信念动摇了，才会有动力去思考和开口。

破框法

很多人在今天的环境里感到事情不如意，内心充满疲倦、无力感、愤慨、内疚、无奈，甚至厌恶生活的感觉。其中的原因便是一些局限性的信念所控制的行为模式不能产生好的效果。如想人生有更好的效果出现，必须先改变这些信念。需要改变的信念，也就是日常嘴边挂着的"思想框架"了。

最妨碍我们在今天充满挑战的环境中找到突破的三个思想框架是："应该如此""托付心态"和"没有办法"。这三个思想框架之间有关联，往往也会一并出现。当今社会里百分之九十以上的困扰，都是来自这三个妨碍性的思想框架。破除了这三个思想框架，生活中的烦恼困扰会大大减少，所追求的成功、快乐也会更易获得。

1. "应该如此"。

简单地说，"应该如此"的意思就是："事情理应如我所认为的那样发生。"

试想一下，你在百忙之中抽出时间约了我吃午饭，约好中午12点半在某家餐厅见面。你准时赴约，但是我一直没有出现。也许在12点45分时你开始感到内心的那种平静渐渐消失。1点10分时你尝试用手机找我，我的手机没有开，我的公司员工说不知我在哪里，你的秘书也说我没有来电留言。1点40分时你感到十分不满了，决定叫午餐给自己充饥，一面吃一面想起以往我让你感到不满意的各种地方。终于，在2点半付钱起行时，你决定把我的名字在你的朋友名单上划去，之后也没有找过我。这只是一个虚构的过程，你当然有很多其他的做法，带给你我之间的友谊不同的结果，但是就让我们暂时允许这个虚拟的过程成立以帮助我进行解释吧。

事实上，我有一段不平凡的遭遇。我是在下楼准备赴约时出了意外：从楼梯上摔下，折了腿骨，晕过去了，四个小时后才发现自己已被送进医院，还得了并发症，在昏昏沉沉的状态中过了一个月。我一清醒过来，便马上在医院的病床上给你打电话，只是你的秘书说你不会接我的电话。你我的友谊便由此中断，本来有一个可以有很大回报的合作计划，也因此错过了。

回想那天中午，当你内心的负面情绪产生的时候，你脑子中涌出的是一些怎样的想法？是否像下面的一些例子："这个人为什么这样没有责任感？"或者："真倒霉，白白浪费了两个小时，还生了一肚子的闷气。"

你的负面情绪的来源是你认为事情应该是这样的：与我约好了便应守时赴约。当事情没有如你所认为的那样发生，你的负面情绪出现了，同时假设是我的行为破坏了事情应有的规律，带给你不想要的某些结果。现在明白了我的遭遇，你此时的念头也许是：我这样的想法是不可避免的，事情的确会使人误会，因此所引起的误会和友谊中断也是不可避免的。充其量是知道真相之后，与我重新做朋友。

其实,"能否避免"这点操纵在你的手里。如果认为不可避免,我们便只得准备承受因此带来的后果:不愉快的心情、友谊中断、生意计划的泡汤。如果你不想要这些后果,希望改为"能够避免",因而可以带给你人生更多的快乐,也许我们应该研究一下这个"应该如此"的感知模式。

佛经中有"因缘"二字。用种树一事去解释,树的种子就是"因",而泥土、空气、水分、阳光、肥料等是"缘"。"主因助缘"的意思就是树的生长,需要因缘和合才能成事。反过来说,试想一想,在一个有了所有的主因助缘的环境中,那株树不生长出来才是怪事呢!因此,事情发生了便有该发生的原因;有发生的原因就是有发生的理由;有发生的理由也就是应该发生,不发生才奇怪呢!当时意外出现了,我无法赴约,也无法通知你;而你无法见到我,也无法知道我的遭遇,所有的事情本来就应该这样发生,不是这样才是怪事呢!所以,一位大师说的"应该来的已经来了;应该知道的都已经知道了;应该给予的已经给了;应该拿的也已经拿了;应该放下的都会放下;应该走的也就会走"就是这个意思。

所以,你因我没有赴约而产生的不满,其实是在生气自己不能知道世界上所有的事。你需要有具备知晓一切的能力才会在当时明白事情的真相,而你我也当然明白:没有人有这种能力。

我们没有这种能力,也无法学到这种能力。但是,我们无须有这种能力也可以过开心、成功的日子。我们只要提醒自己两点:

(1)事情发生了,自有它发生的理由,我未必能够知道,但我必须接受已经发生的一切;

(2)抱怨事情不该发生是不让自己成长;如何配合已经发生的事情,给自己制造成功、开心的机会才是重要的。

人生在世,本来就无法要求事事如愿,每天出现的大部分事情,我们只能按实际情况来处理,从中努力取得更多、更好的经验,再继续走下去。例如，如果李先生能够赴会，两人可以开开心心地共享一顿午餐，在两小时中互相帮助对方有所提升，这固然是乐事；如果李先生没有出现，你或者想到写封信给多年没有联系的好友，或者好好享受那篇早就想读但一直抽不出时间阅读的文章，同样可以使这两个小时有意义，也一样可以开开心心。这不是更好的人生吗？那两个小时怎样运用能给你更多的成功、快乐，你完全可以主宰，又何必任由一个"事情应该怎样"的信念来决定呢？

其实，这个态度，在12点半你坐下时便可以运用，人生便会更有效率。

2. "托付心态"。

"托付心态"是把自己生活中成功、快乐的控制权托付给别人。

在我成长的时代，我记得当时的青年总是千方百计地进入一些大公司或者政府机构，因为它们"安定""前途好"。一些人加入了这些公司或政府机构之后十分积极进取，也有一些人满足于那个保障，不求上进，努力于"练精学懒"。到了21世纪的今天，这些公司或政府机构需要精简：裁员、减薪、减福利，他们便抱怨公司或政府机构不照顾他们了。

在婚姻或恋爱关系中，我们常常听到类似"你是我的，我会给你快乐"，或者"只有你才能给我欢乐，没有你，我不知怎样生活"之类的话，以为爱一个人便有权利要求那个人照顾自己人生的成功、快乐。如此把照顾自己人生成功、快乐的权利托付给这个人，而要求他必须奉行一些行为模式（因为这样我才感到开心，而他却偏偏不这样做，使我不开心），会使这个关系很紧张。使自己产生无力感同时带给对方窒息感，这正是很多婚姻和家庭问题的基本起因。

在日常生活、人际关系之中，这种"托付心态"更易遇到：某人说了两句话，自己心里便不是滋味，责怪他不体谅自己；上司感叹一下生意的难做，自己便担心可能会被裁员，以后的日子不知怎样过；顾客表现出稍微强烈一点的反应，自己便觉得受气。这些都是托付心态造成的。

托付心态的由来是我们成长的过程中建立起来的自我价值不足。自我价值不足便需要外面的补足和别人的迁就。得不到这些，我们的负面情绪便会出现。

其实，每个人都需要照顾自己的人生；人生中的成功、快乐，也只可以由自己找到。如要倚靠别人才有成功、快乐，就算有这个可能，也是危险的，因为别人既没有这种能力，也不一定会永伴身旁。别人也需要照顾自己的人生，争取他自己的一份成功、快乐。如果在这个过程中顺便可以帮帮你，倒也无所谓，但是如果要减慢或者放弃他们对自己的照顾去迁就你，对你的良好态度便难以维持长久。更何况每一个人都在不断地改变中，昨天纵有完全一致的看法，今天都有可能出现分歧；没有两个人一样，也没有一个人可以维持不变。

明白这个道理的人，会不断地强化自己本人的能力：增加自己的自我价值，培养自己的知识技能，并且提升自己的思想层次。他们会以自己为生命的中心，同时抱着三赢（我好、你好、世界好）的信念，在让自己获得成功、快乐的同时，也使其他人、整个世界有所提升。当他们加入一家公司，或者认识一位新朋友时，他们也本着同一个态度。就像你跳上一辆公交车，是因为你要去某个地方（人生目标）。你会注意到坐在你身旁的乘客，既然有幸同行，你便与他分享沿途的风光，也从交谈中相互有所得（成功、快乐），如果后来发现他的目的地到了，他自会比你早下车，但总可以开心地分手，更可以交换通信方式，保持日后的联系。坐公交车是自己想去某处目的地，在那里可以继续自己的路途，继续获得更多的人生快乐、成功，如果你的计划有此需要，你也许会比他更早下车，同样地你会开心地说再见和约好保持联系。任何两个人相识相聚，都可以用这个概念去解说共处的意义。当彼此让对方提升的能力终止，也就是该分手的时候了。该下车便下车，需要继续坐下去便继续坐，人生本来就是如此。

当婚姻或工作出现问题顿然感到自己很迷惘的人，往往就是在平日便抱着"你应该照顾我"的托付心态。如果一个人有自己清晰的人生方向，工作的公司或配偶就会成为使自己前进得更快、收获更多的朋友，而不是操纵自己人生成功、快乐的主宰。

自己人生的成功、快乐的控制权本来就是在自己的手里，既没有人能比我们自己做得更好，也没有人会比我们自己更永远地全心全意、真心真意地去为此而努力。因此我们不应外求，也无法外求。

3. "没有办法"。

"没有办法"的心态是一种导致无法突破的执着情绪。"办法"不是指一个方法，而是指一个人至今已知、已做之外的所有方法。

你不难见到一些人固执于某种行为或处事模式而同时又对效果不满。这些人容易把责任推给他人或世上任何事物。有一些人比较灵活，愿意尝试改变行为或处事模式，但经过数次改变仍然没有满意的效果，他们或是恢复到最初的模式，或是放弃努力，抱持认命的态度。虽然他们口中说已经接受，内心却又不能泰然。

其实突破是有可能的，首先要相信这一点。然后是坚持一个灵活的态度：未达理想效果便不会妥协，进而不断地去找寻下一个新的方法。

试想你今天回家的时候，走到街口，发现因为旧楼倒塌而封了路，什么人都不准通过，你会怎么办？你会有三个选择：

（1）放弃返家的念头。

（2）坐在路边等待街道重开和怨天尤人。

（3）去找另一条路。

如果你是一个积极的人又的确很想回家的话，你不会考虑前两个选择，而会集中精神去找第二条路。如果第二条路刚巧也因火灾而封路，你会怎样？你会去找第三条路吧？如果第三条路也因水浸而封闭了呢？你会去找第四、第五或第六条路，直到你返回家中为止。

如果"返回家中"是你人生的最大目标，你会一直尝试，什么路都尝试，夸张一点的甚至会租用直升机、挖地道……

在你的人生之中，什么是最重要的目标？在使你得到成功、快乐的人生之路上，什么是最重要的目标？在你达到成功事业的路上，找到突破口是否很重要？如果它们的重要性值得你继续向此方向努力，它就值得你去不断地多找一个方法，再多一个方法，再多一个方法……无论你过去尝试过多少个方法，总有另一个方法是你未知、未懂、未学、未想过的。就在看这一句话的数秒钟里，世界上又增加了多少解决过去未能解决的问题的方法？

某个目标是否值得你去努力，只有你本人能够决定。但是某个方法是否值得你去尝试，却只需问三个问题，如答案都是"Yes"，请不要踌躇，马上去做吧！这三个问题是：

（1）结果对我有好处吗？

答案：_____

（2）我想在短期内得到这些好处吗？

答案：_____

（3）这些好处是否符合"我好、你好、世界好"的要求？

答案：_____

旧的做法既然无效，重复旧的做法就等于坐在路边等街道重开；抱怨环境条件不足，只不过是放弃返家念头的借口而已。任何新方法都比旧方法多一点成功的可能，何况多尝试便会使自己想出更多的方法。为什么你不能成为第一个找出解决方法的人？

结论：打破思想上的三个框架，我们生活中绝大多数的困境便会消除，我们便能使自己快速、轻松地达到人生的目标。总结打破这三个妨碍性思想框架的办法各有一句话，那便是：

（1）打破"应该如此"框架的办法：我们无法知道世界上所有的事，发生了的都是应该发生的。我们不应坐在那里抱怨，而应接受并根据现有的情况做最好的应对。

（2）打破"托付心态"框架的办法：每个人照顾自己的人生，不假手他人。

（3）打破"没有办法"框架的办法：凡事有至少三个解决方法，我总有选择。

意义换框法

"意义换框法"是NLP技巧"换框法"中最常用和最好用的技巧。它完全只凭言语和思维模式而产生效果，是NLP改变信念技巧中最快速、最容易的一个。"意义换框法"是找出一个负面经验中的正面意义。它的概念基础是：世界上所有的事情本身是没有意义的，所有的意义都只是人加诸的。既然是人加上去的意义，则一件事情——

可以有其他的意义，也可以有更多的意义；

可以有不好的意义，也可以有好的意义。

试想一下，当你用一块石头去锤打一颗钉子，或者赶走一只老鼠，你赋予这块石头的意义是什么？它本来有这些意义吗？再想一想，一块石头可以有多少用途？

把上面问题引出的意念放在别人的一句话、一个行为，甚至环境出现的一些情况上，会给你什么启示？

下次坐车没有事情做的时候，可以试着想一想一只曲别针可以有多少用途。也许这样你会明白一件事情的意义只是取决于我们的主观思想。

同一件事情里面总有不止一个意义。找出最能帮助自己的意义，便可以改变事情的价值，使事情由绊脚石变为踏脚石，自己因而有所提升。这便是意义换框法。

意义换框法对一些因果式的信念最为有效。例如："因为上级挑剔，所以我工作不开心。"

方法是把句中的"果"（工作不开心）改为它的反义词，再把句首的"因为"二字放到最后，成为："上级挑剔，所以我工作积极，因为……"然后反复地思考如何能把句子写完，要求至少有六个不同的版本，再找出其中能够使自己完全接受的一句。以下是一些学员的信念："上级挑剔……"

使他无从挑剔。

使我提升得更快。

使他改变对我的态度。

使我超越他的标准。

使我变得更能干。

使我更快升级，脱离他的管治。

使我更有能力去另找新工作。

使我在同事之中受到最少的挑剔，因而更有工作安全感。

使我能更早创业。

我要证明他不能控制我的情绪。

我要证明我可以做到。

使我能清静愉快地工作。

证明在最难相处的上级的领导下我仍能胜任工作。

证明我能承担任何压力。

使其他老板注意我，因而创造出换工作的机会。

使我有更优良的表现。

试试挑选一条你觉得最好的，然后把整句反复地念数遍。现在，你再念念本来的一句："因为上司挑剔，所以我工作不开心。"你内心的感觉有怎样的不同？本来的那句和后来的这句，你觉得哪句更舒服一点？

假如我是你的一位多年好友，三个月前换了工作，今天你见到我时注意到我瘦了，心情很不好，你问我有什么事，我说"因为上司挑剔，所以我工作很不开心"，你会很自然地接受我的话，给我安慰、鼓励，你接受我的话的信念平台是："上级挑剔，我当然会不开心。"现在，你把安慰我的话转了180度，刚好是相反的："上司挑剔，所以我工作积极，因为……"这可以使我豁然开朗。

你是否注意到上面学员们所提出的十几条信念？每一条都是一个有价值的改变：创造了新的价值，或者使本来的价值增强或转移了？这证明信念必须有价值的支持，而当价值改变了，信念也就能改变。

你可以试着把这一句"因为今年市场的经济疲软，所以我们会失败"，用同样的过程改变其意义，看看效果怎样。

意义换框法是NLP的换框法之中最常用且十分有效的改变思想的技巧，它可以在两三句话中便运用出来，在辅导工作中尤其受欢迎。有一位为人很好的医生，他不能拒绝找他出诊的病人，这使他有过多的业务，休息时间不够，家人也抱怨他只醉心于工作，而忽略了他们。NLP大师问了他一句话，便收到了辅导的效果："拒绝一些出诊要求，能不能让你成为一名更好的医生，帮助到更多的人？"

二者兼得法

"二者兼得法"其实也属于意义换框法，只不过因为容易运用和经常有运用的机会，故把它抽出独立介绍。这也是改变信念的一个有效技巧。

在很多情况中，表面看来是两个选择中只能得一，即"得 A 便失 B，得 B 便失 A"。我们持着这个信念，感到困扰，因为想二者兼得。在生活中我们容易接受局限性信念的束缚（认准了那是"现实"），而不肯以自己的理想目标为依据去思考，找出突破口。为使自己觉醒，我们可以提醒自己："坚持二者不能兼得对我没有好处，而坚持二者可以兼得则对我有好处！"并把自己的思想带向后者。

"二者兼得法"就是以此为基础，对自己发出这样的思想指令：假如 A 与 B 是可以兼得的，我需要怎样想或做才能实现它？

这样的思考方向是跳出框框、追求突破。其中一个常常出现的突破关键是把 A 和 B 的定义做更清晰的下切（chunk-down），因为很多时候说话的人会用一些虚泛的词语去代表他的需要，不把他的需要弄清楚一点，往往无法着手把事情解决。

以下的练习，你可以假设自己就是当事人，试用"假如二者可以兼得，我怎样做才能实现"的态度去思考一些可能性，每一条都找出三个方法：

练习一：组长说："要求质量提高，产量必然减少。"

方法一：_____

方法二：_____

方法三：_____

练习二：丈夫说："为了维持家中安宁，我只得避免和她说话。"

方法一：_____

方法二：_____

方法三：_____

练习三：职员说："每天工作那么忙，哪会有时间去学习？"

方法一：_____

方法二：_____

方法三：_____

练习四：太太说："我工作之余还要督促孩子读书，没有时间陪丈夫，婚姻关系怎会良好？"

方法一：_____

方法二：_____

方法三：_____

练习五：朋友说："为了爱情，我只得放弃事业。"

方法一：_____

方法二：_____

方法三：_____

人的一生不能要求凡事都可以二者兼得，尤其是不符合"三赢"原则的事情。但是在一些困扰无法突破的情况下，考虑二者兼得的可能性，可以给解决事情提供更多的选择。

环境换框法

同样的一件东西或一件事情，在不同的环境里其价值会有所不同。找出更有利的环境，便能改变这件东西或这件事情的价值，因而改变了有关的信念。例如："瓶装白开水作为饮品，是不会有人买的。"做法是说出至少三个例外，但先要把句子由负面表达转为正面表达："瓶装白开水作为饮品，在什么环境里会有人买？"再举一个例子："年纪大了，竞争不过年轻人。"可修改为："年纪大的人，在什么环境里比年轻人更强？"

中国传统思想中有很多表面上绝对正确的说法（其实都是规条），把人们牢牢地束缚着，运用环境换框法，可以把它们打破。很多信念的确对自己的成长和处事很重要，但是没有一个信念在所有情况中都是绝对有效的。信念是人生的一部分，是帮助我们做到三赢和获得成功、快乐的人生的工具之一。但是，要记得它们也是我们自己制造出来的。工具不应操控我们，所以我们不应把信念变成我们的"神"去绝对地维护。当某些信念妨碍我们达到上述人生目标时，我们可以将它们修正、移开（暂时）、扩充（兼容）甚至改变。①

前面说过的中国传统的规条式说法，例如：

"节俭、谦虚是美德。"

"食不言，寝不语。"

"子女应该孝顺父母。"

"子女应该孝顺父母"是中国人伦理道德上神圣不可侵犯的信念。你可以试举出三个不适用于这句话的情况吗？（为了避免争执，暂且假定"孝顺"就是听从父母的话以使父母开心。）如果下列情况出现，身为子女的未必会遵从这个信念吧？比如，父母叫子女贩卖毒品；父母逼子女与自己不喜欢的人结婚；父母侵犯子女。

环境换框法在辅导上，对一些因为自己的一些特质而不满意、不接受自己，内心感到自卑、认为自己不如人等的个案最为有效。例如：喜欢多说话或者不说话；觉得自己学历不够，或者相貌不出众；长得太高、太矮、太瘦或者太胖。

一位银行家对女儿的固执个性很不满意，父女关系弄得很糟。他去请教一位 NLP 大师，大师问他："当你的女儿与男友出游而那男子有过分的要求时，你想不想你的女儿固执一点？"银行家顿悟。其实固执本身没有好坏之分，而是取决于在什么环境中运用。他以后便再也不针对女儿的固执发脾气

---

① 信念与信仰不同。我的学问研究工作从来都不牵涉关于宗教的信仰。我把与宗教有关的信念问题留给每一位有宗教信仰的朋友。——李中莹。

了。(其实固执的人有一大好处,就是每当他认识到什么是更好时,他便会坚持那更好的做法,无须别人经常提醒——这也是运用了环境换框法。)

环境换框法和意义换框法往往可以共同使用,在同一个情况下发挥作用。

价值定位法

一个人对某一件事的价值观,即是希望该件事给他的各项价值,需要按大小轻重做出排列。但是他的意识和潜意识,常常有不一样的排列。意识的价值观,会因为环境因素受到其他人的影响,或者通过自我思考而修正;而潜意识的价值观,受到内心深层的一些因素的操控(包括系统层次、身份层次和一些重大的信念),往往会与意识的排列不同。意识与潜意识的价值排列差异越大,这个人的内心矛盾和无力感会越大。"价值定位法"能帮助一个人找出潜意识里的价值排列。

我们要先学会如何凭询问找出受导者对某一件事的价值观。以"找工作"为例。

第一步,用这样的文字询问每一个问题:"一份理想的工作……"因为询问的目的是找出受导者的主观价值,符合他的主观价值的,就是他认为理想的。

第二步,询问四个问题:"什么最重要?""能够带给你些什么?""凭它,你可以得到些什么?""你最在乎的是什么?"将四个问题补充完整就是:

"在一份理想的工作中,什么最重要?"

"一份理想的工作能够带给你些什么?"

"凭着一份理想的工作,你可以得到些什么?"

"在一份理想的工作里,你最在乎的是什么?"

这四个问题就像是一间木屋的四扇窗子,每一扇窗子都能让人看到里面的东西,但不是全部,且从四扇窗子里看到的东西会有不同。如果受导者对某一个问题不太清晰，回答有困难，可以改问下一个问题。也可以在这个人回答后问他："还有呢？"使受导者说出更多的价值。

第三步，如果这个人的回答是一些感觉的词，例如快乐、开心、成功感、满足感等，辅导者必须问他："什么情况出现时，你便会有这种……（感觉的词语）？"

第四步，要注意，这个人最先说出的，并不一定就是对他最重要的价值。应该用上述的询问方式，找出四五个价值写下来，让这个人看着它们，然后说出哪个最重要，并排列出次序。

一个人做或不做任何事，都是由他的价值观所控制的。一个人很容易认识到自己意识层面对某事的价值排位，较难的是了解本人潜意识层面的价值排位。所以，找出潜意识的价值排位，他便能认识到内心的推动力，再加上对某些价值做创造、增大、转移的工作，他便可以使本人的意识和潜意识更为和谐、合拍了。

"价值定位法"能够帮助一个人了解潜意识的价值排列。知道了内心对事情的看法，他便可以理性地调节行为去满足意识和潜意识两方面的需要了。"价值定位"可以在另一个人的协助之下做出，也可以凭练习训练自己做出。下面是一个朋友为某个人做辅导的案例。

朋友先请受导者找出 4~6 个对有关事情（假设是工作）的价值，把它们写下，请受导者按重要程度排列次序，选最重要的 3 个做"价值定位法"（假设为 A、B 或 C）。

下列过程中，朋友必须引导受导者用感觉（很多人会说是用"直觉"）而不是理性分析去做选择。用感觉做选择的表现是：受导者两眼凝望着辅导者的两个手掌，快速地在上面扫视两三次，然后不假思索地说出选择，同时用眼神或手指点明他的选择。如果受导者用理性分析，他的眼睛会显示出内心在思考的信号，口中或者念念有词，或者表现出踌躇不决，并且会用更多的时间做决定。

朋友面对受导者而坐，伸出双手手掌给受导者看着，告诉受导者："想象这里有两份工作，它们的各项条件都同样地好，差别只有一点点：（朋友稍微抬高左手手掌）这份工作的 A 很足够，但 B 少了一点；（朋友稍微抬高右手手掌）这份工作的 B 很足够，但 A 差了一点。凭感觉，你选择哪份？"假设受导者凭感觉选择了 A 高的那份。

朋友把双手放下再抬起，对受导者说："现在又有两份工作让你选择，它们的各项条件都同样地好，差别只有一点点：（朋友稍微抬高左手手掌）这份工作的 A 很足够，但 C 差了一点；（朋友稍微抬高右手手掌）这份工作的 C 很足够，但 A 差了一点。凭感觉，你选择哪份？"现在，假设受导者还是选择 A，朋友需要再做一次上述的程序，让受导者在 B 与 C 之间再做一次选择来找出哪个价值是第二排位。

三次的比较选择中，受导者选中两次的就是他潜意识里认为最重要的价值，选中一次的就是次要的价值。现在，可以把这个结果与开始时受导者写下的排列次序（意识里的价值排位）做出比较，差距越大，内心的矛盾冲突越大。

以下是针对测试结果的一些指示：

（1）如果意识与潜意识的价值定位一致或十分接近，受导者对目前的工作是满意的，短期内不会想有改变。

（2）如比较选择的结果 A、B、C 各一次，那是显示受导者对本人追求的价值本身的认识不够清晰，朋友可以用话语引导受导者的潜意识去做一次清晰化扫描，把每一个价值的定义做检定工作，例如"被肯定"："被什么人肯定？上级、同事、下属、顾客，或者某一些特别在乎的人？""次数有多频繁？每天一次还是一周一次？""用怎样的方式？口头或书面？单独相对时还是在其他员工面前？"

（3）在做比较选择的过程中，如其中一个价值是收入或工资，受导者往往会问："少了多少？"最佳的回答是"约10%"。在一般情况下，这个减少的数字有足够的影响力，但不至于不能负担。

潜意识不能处理两项以上的选择（那是意识和理性负责的工作），所以每次给它两项价值的比较，它会很快让我们知道内心在乎的是什么。这个简单的技巧曾经帮助很多人解决了让他们感到困扰的问题。

拓展视野

轻松管理的十大要诀

一、不要跟企业谈恋爱。

二、企业不是员工的父母。"以人为本"的意思是：人→制度→企业→商机。

三、最好的管理效果只能在三赢的平台上出现。

四、言出必行、言出必准。

五、企业的不成功，99%的原因来自没有做该做的事，只有1%是做了不该做的事。

六、三个必需：管理转变、学习型企业文化、快速和准确的企业信息。

七、资金流动力比营业额更重要。规模大不是必需，而是一个负担。

八、维持勇气去改变必须改变的、平静心境去接受不能改变的，以及拥有能够区分两者的智慧。

九、凡事都有至少三个不同做法，任何问题都有至少三个解决方法。

十、管理应该是轻松、开心和有效的。如果不是，原因必在以下三点里：对事情的看法不正确，定下的目标不正确，做法不正确。

"阿Q精神"

在我讲课时，常常听到学员用"阿Q"两个字来形容某些人的行为。其实，很多说别人很"阿Q"的人，并不清楚自己说的是什么意思。对这两个字进行一些深入的研究，会进一步认识自己的人生观。

在通用汉语的地区，相信没有人不知道"阿Q精神"。"阿Q"是鲁迅的小说《阿Q正传》的主角，这篇小说很多人都看过。"阿Q"事实上已经成了众多人的口头禅，用来形容某些人和他们的行为。让我们先在这里停一停，请你问问自己："阿Q"或"阿Q精神"对你来说是什么意思？

在一次授课过程中，我成功地引导一位因失恋而十分不开心的少女变得积极和愉快，另一位学员说："这不是很阿Q吗？"我问她："'阿Q'是什么意思呢？"

在另一次授课过程中，我说："人人都可以从很多事情中找到正面的意义而因此变得积极愉快，无须把自己困在愁苦怨恨之中。"一位学员马上响应说："这不是很阿Q？"我问他什么是阿Q，他说不出定义，而只能举例说："例如你跟我打麻将输了，硬说是因为知道我急需钱而故意输给我，这便是阿Q。"我列出以下情况，问他这些是否阿Q：

我运气差，因此输给他；

我技术差，因此输给他；

我昨晚睡得不好，精神不能集中，因此输给他；

我有病，吃了药，昏昏欲睡，因此输给他；

我有心事，心神恍惚，因此输给他。

他说："这些话全都是阿Q。"分析一下，我便发觉以他的看法，无论说什么能使自己心里舒服一点的话都属阿Q。原来"阿Q"这两个字的功用是令他不可以往其他可能的方面想，而必须保持不愉快的感觉！

很多人都说不出"阿Q"的定义，绝大多数人同意的一个说法可能是："只求精神胜利，罔顾真实情况。"细心地想一想这两句话，其实并没有什么不对：

第一，"精神胜利"指的是自己内心有成功的感觉。我看不出这有什么不对。有自己感觉不到的成功吗？有应该成功而没有成功的感觉吗？世上所有人都觉得你成功但你自己却不觉得，那又有什么意思？很多成功人士便是因此而自杀的。每一个人，在他人生里所追求的，说到底，还不是内心的一种成功、快乐的感觉？我真的不觉得这有什么不对。

第二，"罔顾真实情况"。首先我们需要看看什么是"真实"。世界上所有的事物都经过我们的感觉器官传入大脑，这就是"摄入"过程，然后与我们大脑里经多年建立出来的一套信念、价值观和规条比对一下，也就是"处理"和"编码"过程，之后才能定下意义。感官接收传导和信念系统都是我们自己经历选择过程而培养出来的，过程是由自己控制的，所以都是主观的，经由三重主观过滤程序所得出的结果当然是主观的，无法是客观的。因此，我们脑中所有事物的意义也都是主观的。换句话说，每个人的"世界"只存在我们的大脑里，并没有绝对的真实，或者客观的真实，而只有主观的真实。

从另一个角度来看，先举一个例子：某人因为上级说了一句他觉得不尊重他的话，于是很生气，千方百计地找资料、花工夫去证明他的上级品行不正，上级所说的哪句话是动机不良的。其实，对这个人来说，他最重要的目标应该是使自己有一个成功、快乐的人生。与此相比，证明他上级是不是好人，或者哪句话是不是怀有不良动机并不重要，这句话怎样能帮助他的人生有更多的成功、快乐才重要。他可以抛开如此重要的目标而去做那些微不足道的事，他的人生一定有很多不快和辛苦。

如果他坚信对自己最重要的事是拥有成功、快乐的人生，他就不会在乎他的上级说那句话的时候是否有不良动机，而只会去思考如何凭那句话推动自己变得更成功、更快乐。

所以，"真实情况"既不存在，也不重要。重要的是，那个情况怎么能对自己有裨益！

前面我提到过一位因失恋而不开心的少女，她就是明白和接受了以上的道理而变得积极和愉快的。另一位学员提出说："这不是很阿Q吗？"我问那位学员："你这样说是什么意思呢？什么是阿Q？"她说："失恋是应该不开心的嘛！不是吗？你看看哪一个失恋的人不是没心情做任何事、躲起来痛哭、不想见人的？"我接着问："那么，按你所说，应该哭泣和不想见人多长时间才不会被别人叫作阿Q？如果我失恋了，把自己关在房里不见人，哭了三天才出来，你会不会说我失恋这么大事才哭三天，所以是阿Q呢？或者我应该哭三个星期才出来吧？如此，我将会失去我的工作；或者哭三个月才出来？如此，我将失去大部分朋友；甚至哭三年才出来，因此我培养出憎恨异性的心态，到处作案伤害男子。怎样才不算阿Q呢？谁可以做出这个决定？凭什么标准去做出这个决定？"

那位失恋的少女，在那次课程中看到了该次失恋经验赋予她人生的一些重要意义，做了一些改变，两年后结了婚，生活十分美满。

如果给你重新投胎的机会，并且有两个选择，你会选哪一个：

（1）名字叫"阿Q"，人生里十件事有九件顺利完成和令人开心。

（2）叫什么名字都可以，就是不要叫"阿Q"，人生里十件事只有一两件称心如意。

答案是很明显的。因此，不要盲目地执着于两个字或者一句话，而封杀了自己本来可以有的很多选择，其中可能包含了使你人生出现重大突破的机会！所以，每当遇上不开心的事，觉得想哭的时候大可哭个痛快，然后找出事情里正面的意义，积极地运用它去提升自己，管它算不算是阿Q呢！

"拜木头现象"

有一段时间，我独居在一间海边的石屋。一天，闲来无事，外出散步，我在沙滩上无意识地捡起了一块木头带回家。回到家里，也许是太无聊了，本来只想用刀子把它的外表修饰一下，不经意地，却把木头削成了一个粗看似人形的无可名状的物件。碰巧这时一位朋友到访，我听到门铃，随手把木头放在客厅墙壁的置物架上，走去开门。朋友进客厅里看见了木头，问我那是何物，我灵机一动想跟他开个玩笑，便故意装出认真严肃的样子，回答说："不可以问，也不可以答！"我又神态凝重地把木头放在一个高高的木架上，拜了两拜，并且要他也拜两下。

朋友此次前来是因为家中有事，想借住我的客房数月，我答应了他。次日他搬来的时候，我又捉弄他，告诉他必须每天拜拜那块木头。接着我有事出国，一个月后回来，发现家中被这位朋友维持得整齐洁净，特别是放置那块木头的架子，被抹得一尘不染。当晚，有几位经常到访的好朋友上门，一进门，这几个人便脱鞋，然后用恭敬的态度先向那木头拜了几拜。我问他们做什么。他们说也不大清楚，只是那暂住的朋友说必须拜，想是求保佑之类的意思吧。

听后我不禁哑然而笑，于是告诉他们整件事的开始只不过是我跟那位朋友开的一次玩笑而已。

在生活中很多人也有不少这样的"拜木头现象"。很认真地做一些事，维持一些行为模式或者习惯，其实为的是什么并说不出来，来源也不清楚，只是有人这样说、这样做，或者已经习惯了，又或者看见人人都这样想、这样说，或者这样做，自己也就跟随了。既无法得知其中的原因，又没有想过对自己有什么意义或利弊。慢慢地，它们成为根深蒂固的东西，在内心中支配着自己，从而妨碍了自己在人生中本来可得的提升和突破。

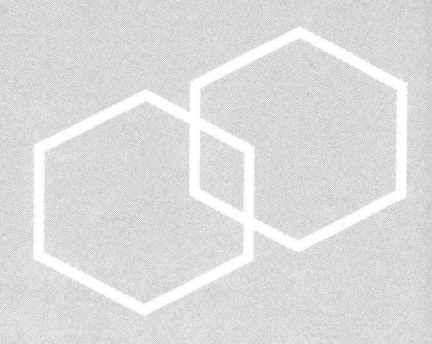

第三章
自我价值

自信、自爱和自尊，统称为"自我价值"，是每一个人建立成功、快乐的人生的本钱：没有它们，建立成功、快乐的人生只是梦想。这三项也是心理素质的基本核心，有了足够的自信、自爱和自尊，一个人才能发展出其他的心理素质来。对于自我价值不足的人，帮助他们重新培养出自我价值，只有一个方法：制造机会，让他自己多做点事，并帮助他（让他自己）做好，让他得到多些肯定。

在我们短暂的生命历程中，自我价值的建立，即做到自信、自爱、自尊，决定了我们一生的成功与快乐。其中，自信是最宝贵的一笔精神财富，也是拥有健康心理的重要标志之一。自卑者，在很多人、事、物面前把自己缩得小小的，拘谨、胆怯、卑微、苟且、犹疑、逃避，内心充斥着很大的无力感；自负者往往把自己膨胀成一个性情嚣张、目空一切、刚愎自用、霸气十足的大力神，其实威武倨傲的表象下可能掩藏着一个虚弱的灵魂，真正反躬自省时，会发现那也是自我价值不足的表现。唯有自信的人，生命中总是充满了希望，从容淡定中自有积极进取的精神，宁静安详里洋溢身心和谐的力量。逆境中，它帮我们逢山开路、遇水搭桥，葆有一股不屈不挠的动力；顺境中，它让我们热爱并享受人生。自信，提升着生命价值，并将造就我们的未来。然而，为什么会有那么多自卑或者自负的人？我们又如何建立足够的自我价值呢？这正是本章所要解决的问题。

❖ 身份、角色与自我价值

身份是一个人心理活动的最核心部分，管理的是这个人关于"我是谁"和"我的人生是怎样的"事情。这个人做或不做些什么、有什么计划、内心在隐藏或者逃避些什么，全部都是为了满足这个人的身份需要。

一个人在他的人生里只有一个身份，却可以有很多个角色。身份照顾的是在所处的任何环境里的整个人，而角色照顾的则是这个人针对某些人、事、物的他。可以说，一个人的所有角色加起来，便是这个人的身份。这个人在他的生活里，必然与很多人、事、物拉上关系。针对这些人、事、物，这个人会有很多不同的角色。例如：和妈妈在一起时就是儿子的角色，在写书的时候是作者的角色，站在台上讲课时是讲师的角色，在酒楼吃饭时是顾客的角色……所有这些角色，合起来便是这个人的身份。一个人活在这个世界里，有千千万万的角色，当我们把焦点只放在某种情况下，如我们跟妈妈在一起，我们也会把我们的角色当作我们的身份。

在每个角色里，一个人都有他的一套信念、价值观和规条，跟另一个角色里的一套有所不同。这个人可能有一百个朋友，这个人便有一百套不同的信念、价值观与规条。例如其中一个朋友叫张三，另一个叫李四。这个人面对张三时他的角色是"张三的朋友"，那是与"李四的朋友"的那套信念、价值观和规条有些不同的，所以这个人有些事可以对张三说，而不能告诉李四。

这就是说，每个角色都需要一套信念、价值观和规条支持。整个人（身份）便是集合了所有角色的信念、价值观和规条。也许最恰当的比喻就是钻石。一个人是整颗钻石，钻石上每一个切面代表了一个角色，如图3-1。

一个角色的信念、价值观与规条可能与另一个角色的有冲突。也许有人这样问过你："当你的妈妈和爱人同时掉到水里，你会去救哪一个？"这个问题就是把两个角色的信念、价值观和规条的冲突呈现出来。也许当你单独跟妈妈在一起时，你认为妈妈是最重要的，比自己还重要；而当你单独跟你的爱人在一起时，你也认为他/她是最重要的。现在，有人要你把两个角色里的信念对比，你便感觉到其中的矛盾了。

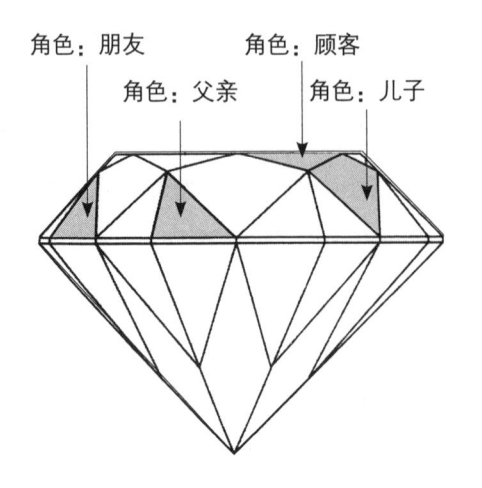

图 3-1 每个钻石切面代表一个角色

假如这颗钻石是蓝色的，蓝色的光芒从里面透射出来，最理想的当然是每一个面都看到同样的蓝色，这是最自然和纯真的。这也是人生的最高境界，但是不容易做到。对很多人来说，如果只是追求一个有成功感、满足感和快乐的人生，也不一定需要这样做。私心和功利主义使每一个人都觉得有必要在某些角色中表示出一些别的颜色，例如说些虚伪的话、做一些能得到别人好感但是违心的事，甚至为了功名利禄而放弃尊严等。有些课程教销售员如何只求卖出产品而说不负责任的话，结果是当销售员与顾客成了朋友后，便为以前的欺骗言行感到羞愧，这是众多例子中的一个。这些是想"成功"地活在今天的社会里无法完全避免的行为，区别只是轻重大小。大的是违法乱纪，小的是法律允许，但受到本人道德观和价值观的自我批判。

若要做到蓝色的光芒从里面透射出来，每一个面都看到同样蓝色的自然和纯真，就是说对每一个人、每一件事都有同一个标准，这非常不容易做到。试问有多少人能够对自己的孩子、邻居的孩子或从未谋面的非洲黑人的孩子有同样的态度和付出？如果一个人坚持在精神上进修以达到这个境界，他往往需要有一定程度的脱离现实世界的生活模式。

　　每个人的信念、价值观和规条总是在改变，所以，今天你与某个朋友的感情是怎么样，未来的一年里可能因为某些事情的发生，导致你的一些信念、价值观和规条发生改变，因而这份感情也会改变。这些改变可以只在潜意识的层面进行，而意识没有察觉。过去十年没有见面，你以为对他的感情还是一样，而事实上，十年的人生经验已经在很大程度上改变了你的信念、价值观和规条，只有当两人再见面谈话时，才发现感觉已经不同。

　　所以，角色仍是一样，而角色的信念、价值观和规条常在改变中；身份还是一样，李中莹还是李中莹，但是，今天的李中莹不同于一年前的，也会不同于一年后的李中莹。

　　身份是心理活动的核心部分，支持这些活动的，也就是身份的能量，称作自我价值。身份管的是"我是谁"和"我的人生是怎样的"的事情，自我价值的作用便是为了做出这两类事情而提供的推动力，这份推动力使这个"我"在人生里产生和增加价值，是每一个人建立成功、快乐的人生的本钱。没有足够的自我价值，建立成功、快乐的人生便只是梦想，难以实现。

　　自我价值包括三项素质：自信、自爱和自尊。自我价值不足就是自信、自爱、自尊不足，这样的人表现出来的行为模式，在今天的社会里到处可以见到。很多人说今天的人欠缺心理素质、人文素质、公民意识、社会责任、公德心等，这些都包含在这个范围里。事实上，这点还需做深入一点的了解。自我价值（自信、自爱、自尊）是一个人内心的素质，它们呈现出来的，也就是这个人与身体之外的世界相处互动的方式，我称之为"心理健康"，就是这个人的心理和生理上的，具体运作的，包括思想、情绪和行为上的能力模式。有了这些能力模式，一个人才能在三赢（我好、你好、世界好）的基础上获得所追求的价值，并且不断累积直至感到人生的成功、快乐。这个人会得到其他人的爱护和尊重，也同时会爱护尊重其他人，并且对社会、对世界产生积极的影响。他也会被认为有良好的心理素质、人文素养、公民意识、社会责任和公德心。

◆ 自信、自爱与自尊的关系

自信就是信赖自己有足够的能力获得所追求的价值，这些价值不断地累积，到了足够多的时候，便会感觉人生是成功、快乐的。

一个人必须对自己有足够的信任，才能信任别人，别人也才能信任他。所以，没有自信的人找工作特别困难。

自信是信赖自己有足够的能力。当一个人信赖自己有足够的力量时，他便无须经常显露力量。反过来说，当一个人感到力量不足时，他便自然地经常呈现出"我有能力"的示威行为。这些示威行为就是一般人说的过分自信了。

这里有一个武侠故事：一个少年上山学武功，几年后学成下山，来到一家酒楼，他大大咧咧地坐下，把宝剑"啪"的一声横放在身前的桌子上。他这个动作有两个信息要告诉其他人：第一，我是懂武功的，你们要小心啊。第二，我的剑就在手旁，你们不要乱来！十年后他的武功大进，已经成为大侠，什么武器都不需要随身携带，因为他能运用身边的任何东西作战，然而平日里他跟普通人一样温和，碰见他的人还以为他不懂武功呢！你看，要提醒别人自己有力量的，都是力量不足的人。当一个人拥有足够的力量时，无论什么事，无论是否突发，他都能够轻松应付，便无须把力量显露出来。因此，真正有力量的人坐在你旁边，如果他不开口说话或者有所行动，你甚至不大察觉他的存在。反之，不断用种种言语、行为来炫耀本人力量的人，他们的内心实在是欠缺力量的。

再说一个武林故事。话说当年天下大饥荒，所有门派都无法维持生计，只得把门徒遣散下山。一位16岁的少侠，学得一身好武艺，也要下山闯荡江湖，并且带着一个5岁的小师妹。这个小师妹精灵活泼，少侠平时就最疼爱她，师父把照顾她的任务分配给他，他也乐意接受。他们下山后来到一个城镇，少侠想卖武赚钱，跑到市集一看，原来多个门派的人都已经由于同样的原因而在舞刀弄剑。城中的人见过太多的卖武表演，没有多少人愿意停下来观看。少侠想：和这些人一样舞舞刀枪，肯定没有什么收入，必须另想办法。他在山上练过梅花桩，就是在几根木头上跳来跳去练刀法剑法，已经有一定的造诣。这种功夫需要的功力比一般的高，他没有看到哪个门派的人在市集里的表演比这个水平更高，就决定以梅花桩上舞刀来吸引观众。为了增加刺激性和惊险性，他在木头之间放了一些锋利的玻璃碎片、刀刃等东西。

的确，从第一天开始，他的表演便吸引了一大堆人来看。只是，每次他在梅花桩上跳跃舞刀的时候，那顽皮的小师妹就把那些木头搬弄不停。常常在他跳到半空时才发现木头已经移了位置，只是他艺高人胆大，每次都有惊无险。梅花桩上舞刀的收入挺理想，但是当观众散后少侠便大骂那师妹一场——毕竟这么辛苦都是为了养活他们两个，小师妹怎么可以这么顽皮呢？若师兄有什么闪失，以后谁照顾她？每次被师兄骂，小师妹都会大哭一场。师兄见到师妹这么可怜便又心软，又想办法把师妹哄笑了，同时再叮嘱她下次绝对不要再这样，两人便开开心心地吃饭去了。这个过程，每天都重复一遍，小师妹就是没法停止她的顽皮举动，总把木头搬来搬去。五年后少侠的武功大增，已经练成了草上飞绝技。落脚处没有木头他也可以在刀刃或玻璃尖上轻轻一触便再跳起来。这时，他已经不在乎顽皮的小师妹如何搬弄那些木头了。

当一个人的力量不足时，他会要求其他的人、事、物按着一定的规律存在，若有什么变动他便大发雷霆：你们不动我都已经这么辛苦，你们偏偏就是要跟我过不去！而当一个人有足够的力量时，他是无惧于事物的不稳定或者变迁的。

一个人有了足够的自信，才能培养出足够的自爱，自爱就是"爱护自己"。为什么这样说呢？

事物能够带给你的价值直接决定了你对事物的爱护程度。试想一想：你有两部车子，一部每个月为你赚十万元，另外一部每个月为你赚五万元，现在两部车都坏了，而你只有修理其中一部的钱，你会送哪一部车去修理呢？当然你会先修理可以为你赚十万元的那部车。从这个例子你可以看到：能够给我价值的东西，我都会爱护，而且，越能为我取得所追求价值的东西，我就越会爱护。反之，对我没有什么价值的东西，就算丢掉了也无所谓。自信即是信赖自己有能力取得所追求的价值，自己越有能力就越爱自己。所以，我们就必须先有自信才会有自爱；同时，我们必须有更强的自信才会有更多的自爱。

一个人必须先爱护自己，才能爱护别人，而别人也才能爱护他。不爱护自己的人，不会爱护孩子（例如带着孩子一起自杀的父母），不会爱护企业（偷公司钱财的员工），也不会爱护国家（贪污渎职的官员）。

有了足够的自爱，才能培养出足够的自尊，自尊就是尊重自己。一个人必须先尊重自己，才能尊重别人，而别人也才能尊重他。

当今社会上有很多人的行为被认为是缺乏心理素质的表现，也就是不会让人有想尊重他们的感觉。原因就是这些人没有足够的自信，因而不能培养出足够的自爱，也因而没有足够的自尊。没有足够的自尊，使他们不能尊重别人，因而别人也不能尊重他们。

❖ 自我价值不足的行为模式及原因

自信、自爱和自尊，统称为自我价值，是每一个人创造成功、快乐的人生的本钱：没有它们，创造成功、快乐的人生只是梦想。这三项也是心理素质的基本核心，有了足够的自信、自爱和自尊，一个人才能发展出其他的心理素质来。一个人的自我价值，是在他出生后的整个成长过程里，凭着每天的人生经验积累、总结而发展出来的。自我价值不是光凭时间便能自动产生的，每次的人生经验所做出的总结，取决于当时这个人内心对事物的主观判断，其基础是这个人的信念系统。一群人在同一个环境里成长，虽然有类似甚至共享的人生经验，但是因为各人的信念系统不同，对事物的主观判断便会有不同，因而各人发展出来的自我价值也有高低。

自我价值不足就是自信、自爱、自尊不足，这样的人表现出来的行为模式，在今天的社会里到处可以见到。总的来说，自我价值不足的人很容易为了很少的价值而放弃对自己的爱护和别人对他的尊重。我们需要明白：每一个人都想拥有成功、快乐的人生，所以都想培养出足够的自信、自爱、自尊。这方面比别人欠缺，便说自己没有资格拥有成功、快乐的人生，这是毫无道理的。这样的人会觉得比别人低一等，同时害怕别人知道他们的不足，所以，自我价值不足的人，不是刻意地炫耀自己的力量，就是企图努力地减少别人的力量。他们的行为模式大致有三类：

其一，故意做一些事使人以为他力量很大，或者找一些以为代表力量的东西企图使自己的力量分数增加；

其二，喜欢不劳而获或以小换大地增加自己的力量；

其三，做些伤害、破坏、诋毁别人的行为，以为可以把别人拉低，保持跟自己一样的水平。

第一类自我价值不足的人什么都会满口答应，然后不知所终，喜欢吹嘘夸大、顺口承诺、有错不认，嘴巴大而器量小，满口不在乎，故意炫耀财富、胆量、地位、人脉，追求品牌和名贵物质享受。如果是青少年则喜欢打架斗殴、惹是生非，故意做破坏规则的事，或者做别人不敢做的事。

第二类自我价值不足的人会贪小便宜、公物私用、斤斤计较、因财交恶、喜欢赌博。赌博是最明显的自我价值不足的行为，因为赌博总是以小博大。这类人会利用朋友，借钱不还，自私自利。

第三类自我价值不足的人喜欢开一些使人狼狈出丑的玩笑，捉弄人、搬弄是非、背后说人坏话、中伤造谣、揭人隐私。这类人会肆意批评否定别人、不愿给别人以肯定、不接受别人做得比自己更好。

这些行为，不能使他们的自我价值提升，反之，他们会越来越深陷其中而不能自拔。就好像一个人喉部做了手术，插了一根管子，他因肚子饿了要吃东西，但是吃下去的食物总是沿着那根管子流出来，而食物的味道使他更饿更想吃，同时越来越饿。除非他明白了这个道理，把精力放在真正提升自我价值的工作上。

为什么人们普遍缺乏自我价值？尤其是当今时代的中国人，面对巨大的社会变革，面对多元思想文化的冲击和利益格局的调整而显现出很多心理上的不适应，原因究竟何在呢？

自信的基础是能力，但是能力必须经过肯定才能变成自信。理想的情况是在一个人成年之前便培养出足够的自信。但一些错误的观念、教导孩子的传统方式与现代社会的环境，使大部分人在成年之前得不到足够的肯定去培养出自信。你可以问问自己：今天的孩子，每天可以得到的是肯定多还是否定多？假设培养出足够的自信需要5000次的肯定，如果一个人直到成年时只累积了3000次，那么在他未来的岁月里，仍然需要不断地努力以补回那必需的2000次的肯定，才能有足够的自信。如果他错误地坚持上一段描述的行为，他人生里的成功、快乐会越来越少，同时他那些行为又会变本加厉。

到底是什么造成这个普遍的现象呢？

第一，整个人类对情绪感觉的认识很不足，而中国人跟西方人相比，更不愿意与本人的感觉联系，更不愿意谈论感觉，更不清楚内心感受，对情绪问题更感觉无力。当家长斥责孩子"不准哭，不可以发脾气"的时候，他便开始教导孩子不要理会感觉，告诉孩子情绪是无可奈何的事，把焦点放在理性上（应该怎样）。试问一个人连自己内心的感觉都搞不清楚，拿它毫无办法，又怎样能培养出自信？

第二，对孩子的教导普遍没有使孩子建立起自我。孩子很小的时候便因为表现出情绪而被否定，学会不理会内心的感觉而只看成人的意思行动，还经常被教导模仿别的小孩，而本人的能力表现却得不到肯定，结果他不能在内心建立一个充分的自我。

第三，很多家长望子成龙，总把焦点放在孩子没做到的小部分，而把孩子做到的部分看作是理所当然，而没有给予肯定。

第四，很多家长为孩子定下的标准过高。他们以为把标准定得越高越好，结果，孩子自己不明白自身的能力水平，也不懂得需要尊重和照顾自己，达不到家长定出的标准便认定了是自己不好、自己不争气。

第五，过分强调孩子认知方面的重要性，包括思想能力的培养方面，而忽略了帮助孩子发展出跟自己的感觉紧密联系、明白自己内心需要的能力。这部分的成长包括情绪智能和大部分代表心理素质的行为背后的内心动力。

第六，传统思想中习惯以否定自己的方式去表示对对方的尊崇。这是我们传统价值观里需要修正的一个部分，以前国人在书信中分别称呼本人的妻子和孩子为"贱内""犬子"，便是典型的例子。自贬以表示谦逊，却造成了内心虚空无力。

第七，传统的家长习惯以"恐惧感""犯罪感""羞愧感"去推动孩子,这使孩子内心无力。例:"不要哭啦,你听,拐卖孩子的人来了,不要让他听到你在哭啊!""警察叔叔说这里不准小孩哭的,是不是要我叫警察叔叔过来啊?""你是男孩子嘛!男孩子怎么可以哭?女孩子见到你哭会笑你的。"

与身份有关的障碍性信念是自我价值不足的深层原因

"障碍性信念"又名"局限性信念",即妨碍一个人有效成长、有效学习以至建立成功、快乐的人生的信念。最严重的障碍性信念是三个关于身份的信念:

"我的这件事没有可能……"例:"我这个病是不会好的了。"有这种想法的人会坚持停留在困境里,或者抱怨环境因素。

"我没有能力……"例:"我不能放松。"认为自己没有能力做到,只有干着急,或者埋怨自己没有用。

"我没有资格……"例:"我哪里会有这么好的运气?"或者说"我的命生来就是这样,是应该受苦的。"这样的人接受了他们认定的命运,甚至会含笑受死。这就是一般人说的"认命"的态度。

在中国社会里,我常常发现表面上似乎是能力性或可能性的障碍性信念,但是经过细心分析后,其实都是资格性的障碍性信念,就是"我没有资格"。这是在中国人中常见的现象,主要原因就是自我价值不足。中国的传统家庭教育方式容易培养出"没有资格"的障碍性信念,我们必须正视,从而帮助孩子培养出健康的心理。

❖ 自我价值与人生品质的关系

任何人，无论正在做什么事，其终极目标都是人生的成功、快乐。什么样的人生才算是成功、快乐的呢？原来每个人生活的每一天、每一刻里，都有一些他很在乎、认为重要、想得到的东西，这便是价值。例如，我问你，从事一份理想的工作，你最在乎的是什么？最想得到的是什么？你的回答可能是酬劳、学习机会、别人对你的肯定或者是对社会的贡献等。这些就是你在工作这件事情上所追求的价值。我们做或不做任何事的决定因素就是内心里这样的价值观。我们的价值观使我们产生"想做"和"不想做"的感觉，这些感觉也就是内心的动力或者阻力了。当我们在所做的事里总能获得我们追求的价值，获得的价值不断地累积起来，到了一定的程度，我们便会感到人生是成功、快乐的。

自信与人生

自信带给人生的是一种积极的态度，以及由此带来的处理人生事务的能力。因为相信自己，便不会凡事都去指望别人，也不会稍不如意便牢骚满腹。自信的人总是自己去努力，很平和、很从容地朝着人生目标一步步迈进，在过程中体验充实与快乐，在结果中感受成功和满足，在一个个目标实现的同时积累更多的自信。

一个人有了充足的自信，并不意味着他什么烦恼都没有了，而是意味着他有足够的力量来处理人生中的烦恼。生老病死、苦辣酸甜，是每个人都必须面对的。自信的人，往往具备足够的能力，同时又在想方设法增添更多的能力。他不怨天尤人，也不畏惧、逃避，在面对困难时会采取积极的态度，只要态度积极，办法总是会有的，NLP相信凡事至少有三个解决方法。即便最坏的情况出现，自信的人也会抱着"面对、接受、放下"的态度，从容应对林林总总的事情。自信的人，其人生必然是积极进取，同时又是知足常乐的。

自爱与人生

我们必须先爱护自己，才能爱护他人。一位母亲拉住孩子的手从高楼跳下来自杀。她怎样看待她孩子的生命？当然看得很轻！她为什么会把孩子的生命看得这么轻？必然是她先把自己的生命看得很轻，才会这么轻视孩子的生命！

现在你试着找出来一件你很心爱的东西（必须是一件物品，而不是一个人），尝试着回答下面两个问题，每个问题各给出2~3个答案：

（1）你怎样对待它？

  答案一：_____

  答案二：_____

  答案三：_____

（2）你希望它会怎么样？

  答案一：_____

  答案二：_____

  答案三：_____

既然你这么爱惜它，那么你是不会把它随随便便放置在什么地方的，对吗？你不会把它放在危险的地方，不会让它受到风吹日晒的伤害，也不会把它弄脏。你甚至会为它做一个精美的袋子或者盒子，给它更好的照顾，甚至把它放在橱柜里或者保险箱里，给它最好的保护。

也许它很名贵、价值连城，也许它是祖传下来的，也许它并不值多少钱，但是却包含着很多的情感因素。总之，它对你来说代表很大的价值，这份价值很难找到代替品，对吗？

在你的人生中，跟这件颇具价值的物品比较，还有一件东西有更大的价值，就是你自己！事实上，"你自己"是你的人生里价值最大的东西，因为所有的其他东西，都是靠"你自己"才能获得。既然你对上面那件物品这么爱护，那么你应该以加倍的爱护来对待"你自己"。你怎样做才是最适当地对待最有价值的"你自己"呢？过去你怎样对待"你自己"？怎样有心或无意地忽略、伤害、亏待"你自己"？你准备怎样修正对待自己的态度？

现在，想出一位你很心爱的人。如果你不存在了，你对他（她）的爱有什么意义？这样问你也许你的感受不大，现在想一想，如果你体弱多病，你对他（她）的爱会有着怎样的意义？是的，你只会是他（她）的一个负担，一个让他（她）减少而不能增多成功、快乐的负担！

所以，如果你真的爱任何人，你必须先爱自己，保护自己，使自己拥有力量，维持在有力量的状态，而不是总处在衰弱无力的状态。你必须把自己放在没有危险、不容易受到伤害的地方，好好地保护自己，并且不做伤害自己的事。爱护自己是你的责任，也只有你才能够做和做得好。无论什么理由，都不能推脱这份责任。没有了自己，你什么都没有，什么都不能做到并做好；你是不能不要这个"自己"的，它没有地方可以去，无论什么事情发生，它还是在你那里。所以，无论发生过什么事，无论什么原因，你唯一的办法还是接受这个"自己"，充分地接受它、爱护它，使它以最快的速度从伤痛中复原过来，这样，它的力量可以重新释放出来，可以支持你，你也可以放松和积极起来，创造一个新的、美好的未来。

自尊与人生

满意的生活质量，意味着在生活中得到别人的接受和尊重，做事时爽快利落、得心应手。这样的人自然感到轻松开心、成功满足。这样的生活质量，与自尊有莫大的关系。

上面说过，自尊就是自己尊重自己。怎样才算是自己尊重自己呢？自己心口合一、内外一致，就是自己尊重自己。不勉强自己去做不愿做的事是自己尊重自己。这样的话人人都会说，甚至已经过分地用这句话去让自己不遵守承诺、不尽责任、逃避照顾自己。事实上，"不勉强自己去做不愿做的事"这句话没有错，但是需要研究一下为什么会有需要"勉强自己去做不愿做的事"的情况出现。没有想清楚便做出承诺，没有好好地在内心了解跟自己的责任有关的信念、价值观和规条，本人的成长没有继续完成，老是逃避而不愿面对成长的需要，这些才是真正的原因，真正需要处理的东西。

　　每一个人，当达到成年或者离开父母之后，成长便是本人的事。一个人不能用任何借口来拒绝成长、逃避成长。成长的过程一定有痛苦，但是成长之后便有机会开心快乐、成功满足。拒绝成长的人绝不会开心快乐、成功满足，而只会更痛苦，而且是永恒的痛苦。

❖ 最快建立自我价值的方法

　　已经成年但自我价值不足的人，可以运用以下三个方法加以改善。严格按照这三个方法去做，一个人的自信、自爱、自尊便能够在一两个月内得到明显提升。这三个方法是：

（1）言出必行，言出必准；
（2）有所不为，有所必为；
（3）接受自己，肯定自己。

言出必行，言出必准

　　坚持每天每件事做到"言出必行，言出必准"，便能使自己的自信在一两个月内有明显提升——不论是自己内心还是别人，都能明显感受到你多了自信。

"言出必行"是说过的话一定要去做出来。答应别人的事，一定要完成。就算是答应自己的事也一样对待。这里有两点要注意：

第一，就算自己控制不了的，仍属自己的责任，因为那仍是自己人生的一部分。例如交通意外使自己迟到，但是自己还是为迟到而道歉，或者缴纳迟到罚款而不以交通意外为借口；别人给自己的资料错了，自己用那资料做出了错误的报告，还是自己的责任！自己信任谁、决定选择走哪条路、使用什么资料，怎么不是自己的责任呢？

第二，没有把握的事不要做出承诺。严格奉行"言出必行"的即时效果就是不会随便答应别人什么事。这样，为了能够脱身而随口答应的，因为心软或冲动承诺的事情都会快速地减少。一两个月内，你便不会因为欠别人"心债"而感到不好意思、内心无力、难过后悔、内疚遗憾了。反之，你会有站得很稳、很有力量的感觉，并且别人因为知道你答应过的一定算数，就会对你很放心、很信任，因而尊重你。

"言出必准"指的是你说的完全跟你内心的认知感觉一致。当别人问你会议室里有多少个人，你不知道便说"我不知道"，不能肯定便说"我不能肯定"。只有当你刚从会议室走出来，在里面你真的点过是6个人，你才答道"有6个人"。当你猜有6个人而不能肯定时，你应该说"我不知道"，或者"我猜是6个人"。没有人能够什么都知道，所以不需要害怕承认不知道会被小看了，但是如果说的话自己不能负责任，自己的内心是虚慌的，便不会有力量了。

"言出必准"的人，别人喜欢与他一同做事，因为觉得他可靠。很快，这样的人让别人感到很有力量，别人找人合作或者做什么重要的事，都会优先想到他，所以他会感到很有自信。

"言出必准"的另一个意思是：说的话完全符合内心的情绪感觉。当你心里感到不好意思，便把"对不起"说出口；当你不愿答应，便老实说"我不愿答应"。这样便做到了心口一致。

一个做到"言出必行"和"言出必准"的人，身心合一，也与所处环境中的人、事、物有最好的关系，所以内心的力量很大。这两点并不难做到，由此刻开始，每说一句话的时候都先提醒自己，很快效果便会出现。

有所不为，有所必为

很多人年轻时精力旺盛，热情洋溢，想做很多的事，也有很多抱负，但是也容易挫败、气馁，结果十几年后发现自己一事无成，甚至有不少人做了使自己懊悔遗憾的事，带着一种很大的无力感度过一生。如何才能避免这样的情况出现？

就是因为年轻人的精力旺盛、热情洋溢、能够做很多的事，所以就更要选择做什么和不做什么事。年轻人若想人生能够不断地提升、越来越成功、快乐，就需要学习"有所不为，有所必为"这两句话。

如何能够区分什么事"不为"、什么事"必为"呢？以下是三个简单和容易运用的标准。

（1）"三赢"是第一个标准，也是必须坚持的标准。只要是符合"我好、你好、世界好"的事，不妨做，总错不了。就算没有即时或者直接的利益，都会有未来、间接的利益。反过来看，对于一些没有什么明显好处，但是因为内心好奇想尝试一下的事，可以想一想这事是否"不会对自己有伤害、不会对对方有伤害、不会对其他人、事、物有伤害"，如果是这样，并且又没有更好的选择的时候，可以去做。

（2）自身的"建设性"。"建设性"是事情能够产生累积的正面效果，每重复一次，自己的成长、学习和未来的成功、快乐便多一分。例如，帮助同学招待外国朋友，能够使自己的英文语言能力有提升，也能够使自己面对外国人的时候更自然、得体。应该主动地去找这样的机会，每一次的经验都能促进学习和能力的提升，便是应该"必为"的事。跟朋友去喝啤酒斗嘴，开心一场，但是没有什么建设性的正面效果，就算没有对自己、别人和社会产生什么伤害，也可以在一段时间内与朋友只接触一两次以维持关系。如果现在有两个同学来找你，一个请你去帮忙招待外国朋友，另一个邀请你去喝啤酒斗嘴，凭着"建设性"的考虑你便知道取舍了。

（3）"量力而为"就是按自己的能力去决定做什么、做多少。这是爱护自己、尊重自己的表现。诚然，每次做什么事都比上次的目标高一点，这能让自己进步和成长，是好的，但是不要做过分超出自己能力的事。今天有些人学会了强迫自己定下一个特别高的目标，然后强迫自己非常辛苦地去尝试达到它。每天都活在高度压力、紧张、担心、慌张、忙乱、无力之中，倘若真的成功了一次，以后便理直气壮，以此为标杆，永远活在辛苦无力之中。只要一次失败，便前功尽弃，或者大事未成，便已经耗尽精力、体弱多病。更有些人只是为了炫耀、示威或者报复而强迫自己去做超出本人能力的事，这些都需要付出很大的代价，甚至会使人走上不归路。清楚地认识到自己拥有的能力和承认自己没有的能力，才是聪明的做法。

接受自己、肯定自己

接受自己就是不要否定自己。否定自己的人，会容易否定别人、妒忌别人、对别人的成就看不过眼。否定自己的人，总会找机会去证明自己不够好，否定自己的成就，或者事事要求完美，不允许自己有错。一个否定自己的人总有很强的无力感，因为这个人的大部分力量都被困在那个被否定的"自己"里面。打个比方，想象一下你是一个连体婴儿，左边的一个名字叫作"我"，右边的一个名字叫作"自己"。两边有些时候很和谐一致，做什事都做得很好，但是也有些时候在吵架。"我"自以为是老大，不接受"自己"，而事实上，"我"的双手双脚没长好，要靠"自己"才能走路、做事。所以现在"我"不接受"自己"，便什么事都做不出来了。

"我"不接受"自己"，而力量总是在"自己"里面。何以见得？"我"就是认为"该怎么样"的一个，而"自己"就是"不应该那样"的一个。"我"是乖孩子，"自己"是坏孩子。坏孩子总比乖孩子有力量，顶嘴的孩子总比听话的孩子力量更大，顽皮的孩子总能比坐得乖乖的孩子懂得更多、做得更多。我们不是去做坏孩子做的事，而是把坏孩子的力量用在更有效的事情上。

"我"不够好，这是事实，但是再不好也还是拥有很多能力、知识、经验和潜质的。更重要的是：没有了这个"我"，便什么都没有了。这个"我"就是基础平台，在上面盖什么高楼大厦都有可能。不接受这个平台的话，则无法把任何东西建起来。不接受自我的最典型说法就是"我必须不满意今天的成就，才可以在明天有更大的成就"。这是一种莫名其妙的逻辑，为什么不是"充分满意今天的成就，才可以在明天有更大的成就"？把到今天为止所做到的去掉，你明天就必须从头来过！对自己到今天为止所做到的充分接受、感到满意，带着那份满足、感恩、喜悦的心情和成就感，明天便有更大的动力和自信去发展得更好，这才是正确的态度。所以，我们必须肯定自己的能力，肯定做得好的部分，坚信能够每天都有所进步。

"我"不够好，但是明天可以更好。人生本来就是这样的一个过程：每天都做到比昨天更好，每天有收获、有提升、有更多成功、快乐。否定了自我，每天的成功、快乐自然很少。

唯一的方程式

因为自信就是"信赖自己有足够的能力取得所追求的价值"，所以自信的基础是能力。能力的基础是经验，经验的基础是尝试，尝试的基础是感觉。感觉就是想去尝试的内心状态，也就是自信最基本的原动力。

没有"想去尝试"的感觉，不会去做第一次尝试，因此不能有任何的经验累积，也因此不能发展出做事的能力。经验不一定是成功的，也有可能是失败的经验。成功的经验固然好，但是失败的经验也能带给我们知识和能力。因为成功与失败从来都不是对立的，而是一个连续体（continuum）上面的两个点。例如，考试及格的标准是60分，55分的确未曾达到这个标准，但是在全部的100分里，55分便是55分的成功。你把这55分丢掉，就算得到所有其他的分数，你也不会成功。做某件事情的过程中，可能第五步走错了，因而不能达到目标，但是第一至第四步是正确的，这需要肯定。同时，第五步这样的走法达不到目标，是一个事实，也是一份经验。这本身也是学习，也是能力。我们从婴儿到成年，从走路到说话，从打球到看书，每一项能力都是凭着不断地失败、不断地累积经验而学会的。偏偏就有很多人成年后不允许自己失败，为了避免失败而不肯去面对和尝试新的东西。这是不让自己成长的做法，结果天天活在因为没有体会到成长的快乐而带来的痛苦之中。

自信的基础是"能力"，但是能力本身不一定会产生自信。犯罪行为往往需要很大的力量，你我都不敢去做。罪犯表现出很大的力量，但同时也表现出严重缺乏自信。问题少年的打斗、自残等行为，不也是显出过人的力量吗？为何他们如此缺乏自信？

原来能力必须经过肯定才能变成自信！例如，我对一个外国人说了两句英语，外国人听不懂，或者斥责我不应该这样说，我有说这两句英语的能力，但是，因为得不到肯定，这种能力没有变成自信。如果那个外国人按我那两句英语的意思给我恰当的回应，或者称赞我说得好，这样，我因为得到了肯定，这种能力就变成了自信。

每个人出生时都没有什么能力或自信。凭着在成长的过程中不断地接触新事物，学习如何面对、处理，凭事情结果和人们的肯定，能力和自信才会不断地累积起来。因此，自信是成长过程中经过不断的肯定而建立起来的。肯定有两种：来自本人和来自他人的，最好是两者都有。若只有一种，产生自信的效果会大打折扣，若长期只有一种，自信甚至会减少。

前面解释过怎样培养出自信。总结整个过程编成一个"定律"：

感觉→尝试→经验→能力→（肯定）→自信→自爱→自尊

孩子出生时是没有什么自信、自爱、自尊的。他在成长过程中的每一份人生经验都让他产生一些信念、价值观和规条。这些信念、价值观和规条的终极目标是使孩子有一个成功、快乐的人生，其累积的效果在这个孩子的内心（潜意识）里，便是支持"我是一个怎样的人"的自我价值了。因此，在一个孩子的成长过程中，身边成年人对他的影响非常大，主要是父母，其次是家人、老师和同学。

如果孩子在成长过程中得到足够的肯定，他便能培养出足够的自信、自爱和自尊，反之，他便总是自信、自爱和自尊不足。今天的孩子每天得到的否定比肯定多很多，因而多数人长大后的自信、自爱和自尊严重不足。孩子的大脑中早已没有让他成长的软件程序，这使他不断地运用自己的能力去做出一些错误行为。其实孩子潜意识的动机只不过是使他充分地成长而已，但是人们只看到孩子行为的不合理和破坏性，企图规范孩子、约束孩子，而孩子的潜意识却把这种规范和约束当作是不让他成长的东西，所以总是反抗。这解释了孩子成长过程的叛逆性、过激行为，甚至犯罪行为。

一个人若未曾培养出足够的自信、自爱和自尊，会不断地重复上述的行为模式，就算到了中年、老年时也是一样。

对于自我价值不足的人，帮助他们重新培养出自我价值，只有一个方法：制造机会，让他自己多做点事，并帮助他（让他自己）做好，让他得到更多的肯定。事实上，这个方法也就是反复地运用上面的"定律"。没有其他方法，而且无论小孩或成人，这个方法都一样有效。所以，可以用第二个重要的"定律"去弥补第一个"定律"的不足，就是——

多做→多做到→因多做到而得到肯定

所以，最能帮助一个人提升自我价值的方法是制造机会，让他多做、做好，从而因此得到肯定。

健康心理的思想和行为模式

A. 思想态度——处理生活中各种事情的态度

1．面对所有的人、事、物都抱着"三赢"的态度：我好、你好、世界好。

2．经常怀着"我如何能做得更好"的态度。

3．经常思考如何提升自己的能力。

4．在困难时能够刻苦坚持。

5．保持灵活的态度。

6．有创意和幽默感。

B. 学习提升——保持与时共进、乘风驭浪的能力

7．对很多的事物都有兴趣。

8．有效运用本人的思考模式（NLP中的"内感官"部分）来学习、工作。

9．努力掌握各种学问和知识。

10．多问"为什么……"和"如何……"。

11．不满足于简单答案而想了解更多。

12．有尝试的勇气和行动。

C. 自我管理——有效率地照顾自己的人生

13．自己可以做的不假手他人。

14．自己想要的自己去争取、创造。

15．以自己能够照顾自己为荣。

16．在思想和行为上爱护和尊重自己。

17．良好的时间管理能力。

18．有效安排自己要做的事情。

D. 人格发展——在这个世界里有效地对自己进行定位

19．认识自己拥有和未拥有的能力。

20．能够改变妨碍自己成长的信念。

21．具备有效思维的能力——总是维持着可以接受、学习与成长的空间。

22．肯定自己的资格与别人的一样，也肯定别人的资格与自己的一样。

23．尊重自己的能力界限。

24．认识和珍惜自己能够影响这个世界的能力。

E. 情绪智能——做自己情绪的主人

25．明白情绪实则来自本人的信念系统。

26．认识和接受自己的情绪。

27．具备管理自己情绪的能力。

28．关心别人的感受。

29．明白负面情绪的正面意义。

30．能够接受"失去"（loss）。

F. 人际沟通——有效地与其他人相处

31．具备有效表达自己意思的能力。

32．能够主动与他人接触。

33．接受其他人跟自己的不同之处。

34．能够妥善处理别人的不良行为。

35．能够面对公众说话。

36．具备良好的谈判、辩论能力。

第四章
系统与理解层次

用理解层次发展出来的计划最有推动力，也最具从根本上改变人生素质的可能。从自己理想的身份发展出来的环境及行为层次的计划，可能会与现实有很大的不同，具有挑战性，但是也具有深远的提升潜力。再加上其他NLP技巧，你会发现这样策划人生最具意义，同时也最有可能成功。

一只生活在南美洲亚马孙河流域热带雨林中的蝴蝶，偶尔扇动几下翅膀，两周后可能在美国得克萨斯引起一场龙卷风。这并不是危言耸听，而是气象学家洛伦兹早在 1963 年就提出来的一种效应，是宇宙间万事万物相关相连、相克相生的实际存在。一个人生于宇宙之间，不可能脱离其他人、事、物的影响，也不可能完全不影响其他人、事、物。因此，只有充分尊重这种系统性，才能摆正自己的位置，达到天人合一、内外和谐的境界。大脑处理事情时，会有六个不同的逻辑层次，从低到高分为环境、行为、能力、信念价值、身份、系统。理解事物，同样要从系统的、整体平衡的角度入手。当一个人越能站在较高层面上理解事物时，他越能照顾全局，越能更好地解决问题。

◆ 系统和三赢

什么是系统和系统性

　　"系统"是由一个以上的部分组合而成的整体，这些部分都对这个整体的存在有其意义，所有部分的运作保证了这个整体的继续存在，其中每一个部分的改变，都会导致整个整体出现改变。世界上任何的人、事、物，皆是某个系统中的构成单元。一件事物，可以同时是多个系统的构成单元；一个系统也可以是一个更大的系统中的一个部分。人也是一样，他可以是一个家庭中的丈夫，同时是一个更大的家庭中的儿子。而同时，他也是某家企业的一个员工、某个团体的会员、某个城市的市民和某个国家的公民。生存在这个世界里，每个人都必然地处在一些系统中。他在系统里与其他人、事、物的关系，决定了他在这个系统中能否生活得惬意。

一个人本身就是一个系统，由很多器官组成。而每一个器官本身又是一个系统，由很多细胞组成。而每一个细胞本身也是一个系统，因此，有人说每一个人就是一个小宇宙，甚至一个细胞就是一个小宇宙。其实，宇宙就是我们已知世界里最大的一个系统，包括了所有已知的比较小的系统。

"系统"一词的英文是"system"。从"system"这个词引申出来的其他词，较常见的是"systematic"，意思是"有法则的；根据一个计划或程序来考虑或者完成"（methodical; done or conceived according to a plan or system—The Concise Oxford Dictionary）。就是我们所说的"按部就班"的意思。

较为少见的是"systemic"这个词。"systemic"与"systematic"的意思很不相同。"systemic"的意思是："关系到整体的，而非只限于局部"（of or concerning the whole body, not confined to a particular part—The Concise Oxford Dictionary）。就是"从系统的角度看"，简单一些，就是"系统性"。

例如，我为了美味而吃过量的食物，忽略了肠胃的辛苦；为了赚钱而冷落了家庭；为了快点完成交易而亏本卖出产品，而不顾企业的利益等，都是日常生活中只注重局部而没有兼顾系统的例子。

在与NLP相关的著作和课程里，代表"系统性"的词是"ecology"，也就是"整体平衡"。

NLP早期的发展，受到著名的心理学家格雷格里·贝特森（Gregory Bateson）很大的影响。贝特森研究的范围包括"神经机械学"（研究机械和包括人类在内的动物信息传送及控制的科学）。"信息传送"不能脱离"系统"

的概念。同时，NLP 的诞生源于对三位心理治疗界顶级大师成功治疗经验的深入研究，进而发展出一套又一套的概念和技巧来。而这三位心理治疗师超越他们的同行的理由，就是他们对"系统"有强烈的意识。

学习 NLP 的人，都被那些概念和技巧深深地吸引。可是，每当使用者忽略了对"系统"的注意，便没有满意的效果出现；而每当使用者注意"系统"的重要性，给予其应有的尊重，效果便来得强烈和完满。这就解释了为什么很多人学了 NLP 技巧，但使用技巧时效果却不显著。

从上述可知，NLP 的发展基础是肯定"系统"的重要性的。但是，在 20 世纪 80 年代，很多热心传播 NLP 的人，错误地认为技巧最为重要。他们以为只要掌握了技巧，便是掌握了 NLP 的精髓。他们在教授 NLP 的时候，强调每一个技巧的独立性，强调技巧中的每一步怎样做，而忽略了整体的平衡。

整体平衡与三赢的概念

在 20 世纪 90 年代初期，罗伯特·迪尔茨、托德·爱普斯坦和朱迪·德罗齐耶成立 NLP 大学，致力推广注意整体平衡，即所谓的"系统性 NLP"（Systemic NLP）。这个方向，马上得到 NLP 界内一些具有领导地位的学府的认同，包括 NLP 学院、锚点学院等。

这一个派系的 NLP，是我认同的 NLP，也是如今 NLP 世界里的主流。它强调整体平衡的重要性，并且否定任何不顾"整体平衡"的 NLP 概念和技巧。整体平衡包括：

本人内心的完整性：我是否身心一致、内外如一？例如，很多人不能成功戒掉抽烟的习惯，就是因为内心总有一个部分在坚持，尽管其他部分认同抽烟对健康不好，应该戒掉。

对方的完整性：有没有给对方足够的空间，允许他有与你不一致的部分？例如，我是否坚持让对方去做他不愿意做的事？

两个人相加而产生的"我们"：其中有没有足够的共同信念、共同价值？例如，当我与你谈话的时候，我是否在说一些我们两人都感兴趣，或者对我们两人都有益的话题，还是我只理会自己的需要？

更大的系统：以上三个系统对更大的系统来说，是一种怎样的关系呢？例如：公司、家庭、社会，甚至整个世界是一种怎样的关系呢？我与太太离婚的决定，对孩子会有些怎样的伤害？又如，与供货商的秘密协议，对公司会有什么不利？

忽略了上述四个系统的整体平衡，就算是一次普通的对话，也不会有真正的效果，就算有，也不长久，就算长久也必然有后遗症。教授和运用这些概念与技巧的朋友，更要注意系统的重要性，否则不会有什么效果；就算有，也不会怎么好；就算好，也不会长久。

NLP的概念和技巧里，充满系统性的考虑。把系统性的意义简单地表示出来，就是三赢：我好！你好！世界好！

三赢指的是三方面都有良好的、满意的结果。

这个三赢观念可用于任何与人接触的情况，因此可以改写为很多不同的文字版本，但是其含义清楚简单，人人能理解、人人都能做到三赢，事事也都可以做到三赢。过去有人强调双赢，双赢不够，应该是三赢。本书中的每一句话、每一个概念、每一个技巧，都包含了三赢的观念。

NLP的学问强调整体平衡，那便是三赢的意思。其实，整体平衡也有外整体与内整体之别。例如，你现在有移民加拿大的念头，你会想到这件事对一些你在乎的人会有什么不良的影响，这便是外整体平衡。学会了一些NLP技巧之后，你也会走入内心问问自己：里面有没有一些部分不大愿意接受移民的行动？你也许会涌起一些厌烦的感觉（麻烦太多了）、不舍的感觉（这里有这么多好友和同事），甚至担心的感觉（金钱上、工作上的顾虑），这便是内整体平衡。内外整体都达到平衡，做事才能全力以赴，事情才会顺利发展，我们才能够有成功、快乐的人生。

三赢也就是在理解的层次中站在系统的层次处理问题。

❖ 系统性在不同人群与场合的运用

从个人角度看 NLP 的系统性

NLP 假设一个人的潜意识有很多个部分，分别掌管不同的功能。例如，在情绪管理方面，谁都知道当一个人陷于情绪困扰之中时，是没有办法好好地想出对策的。在我发展出来的"逐步抽离法"里，运用系统性的概念，可以把情绪划拨给负责情绪的潜意识部分进行处理，因而，让潜意识里负责思考解困的部分发挥其能力。这个技巧能够帮助一个人很快地从负面情绪中抽离，虽然引起情绪困扰的事情没有解决。

从生理及脑神经科学的角度看，这是完全成立的。在大脑中，"边缘系统"（limbic system）负责情绪，而分析思考、解决问题的部分在"前额叶"（frontal cortex），每当"边缘系统"活跃时，"前额叶"就无法活跃。这个机制，在人类进化过程中，给人类最大的生存机会，是根深蒂固、曾被认为是无法改变的。但是，凭着"逐步抽离法"里的简单操作，我们可以在大脑里把主导大局的中心点从"边缘系统"移至"前额叶"。"逐步抽离法""自我整合法"等技巧，都是运用上述概念的例子。

在销售工作里运用 NLP 的系统性

这里介绍一个"身份认知"（perception of identity）的概念，让大家认识在业务销售的工作中，有意识地锁定本人及对方的身份，能够怎样对销售的结果产生影响。

当一个业务员面对一位顾客或准顾客的时候，他俩构成了一个系统。系统内的任何活动，都会影响系统中的其他部分，甚至整个系统的改变。

当业务员们被问到对方是谁的时候，都会马上一致回答："顾客"。但是，当再被问到"顾客"是什么意思的时候，就会有很多不同的回答，有些业务员甚至不能马上清晰地说出来。至于本人对对方来说又是谁，身份比对方高还是低，如果业务员没有注意这些问题，他就会错误地塑造出一个使销售过程困难的系统模式。反之，有了正确的身份定位，业务员的工作会事半功倍。

在培训工作里运用 NLP 的系统性

培训师应该教他认为学员需要的东西，还是学员认为自己需要的东西？有些培训师也许觉得他已经了解学员的实际需要，只不过学员自己不知道而已。可是，如果无法令学员有认同的感觉，学员不能产生兴趣，便只会抗拒、逃避。

如果一个培训师在整个课程里，只强调在指定时间里把安排了的内容讲完，甚至没有给学员发问、练习、交流的时间，他可能是没有注重培训工作里的系统性。

能最充分地了解学员所需的方法，就是留意学员提出的问题。越是糊涂、奇怪的问题，就越是学员想把内心告诉你的表现。这也正是他最需要支持和鼓励的时候。当一个学员这样发问时，如果他看到导师认真、接受和肯定的态度，他便会有更大的勇气把内心的困惑说出来。一个提问和回答都十分有逻辑性、严谨的课程，我认为只有表面的价值，参与者不大可能有很多实质的提升。因为这样的问答，只显出双方都懂得些什么，没有触及不大懂的东西。而提升，总是经由不懂才能达到。

所以，成功的培训师，都必然注重课程中的系统性。

另外，培训师与学员构成的系统有三个方面——培训师本人、学员、两者之间。培训师可以在这三个方面运用NLP的概念和技巧。

培训师本人：提升个人能力，包括表达和接收信息、诱导学员思考、控场、管理本人情绪、处理学员情绪、解决实时出现的问题等。

学员：培训师把那些概念和技巧灌输给学员，让学员本人能够凭着这些概念和技巧而有所提升。

两者之间：培训师对学员的引导和互动工作，也就是在我的"培训师技巧课程"里所说的"学员状态调控"，即培训师怎么做，去把学员的状态维持在"感兴趣、轻松、接受"里。

在心理辅导工作里NLP系统性的显示

辅导是运用一些语言和行为，使受导者认识自己、接受自己，从而可以克服成长的障碍，充分发挥个人的潜能，建造出成功、快乐的人生。简单地说，辅导就是"助人自助"。

NLP假设一个人的潜意识有很多个部分，各有其用途，但全部都是为了让这个人得到更多、更好的东西（NLP称之为"正面动机"）。有些时候，潜意识会误用一些得不到良好效果的做法，去企图实现那些正面动机，在没有更好的做法出现之前，潜意识会坚持那无效的做法。

也有些时候，潜意识的一个部分会有一套想法或做法，而另一个部分却有另一套相反或者对立的想法或做法。这样，我们便会感到内心有矛盾、有冲突。运用我发展出来的"自我整合法"，我们干脆地接受这两个部分的存在，找出这两个部分的正面动机的一致性，因而使潜意识中的这两个部分从对抗变成联手，这样，我们便会变得更积极、更有力量，因而，会做得更多、更好。

❖ 大脑处理事情的逻辑层面：理解层次

什么是理解层次

我们的大脑有六个不同层次去处理事情及问题，称为理解层次，如图4-1：

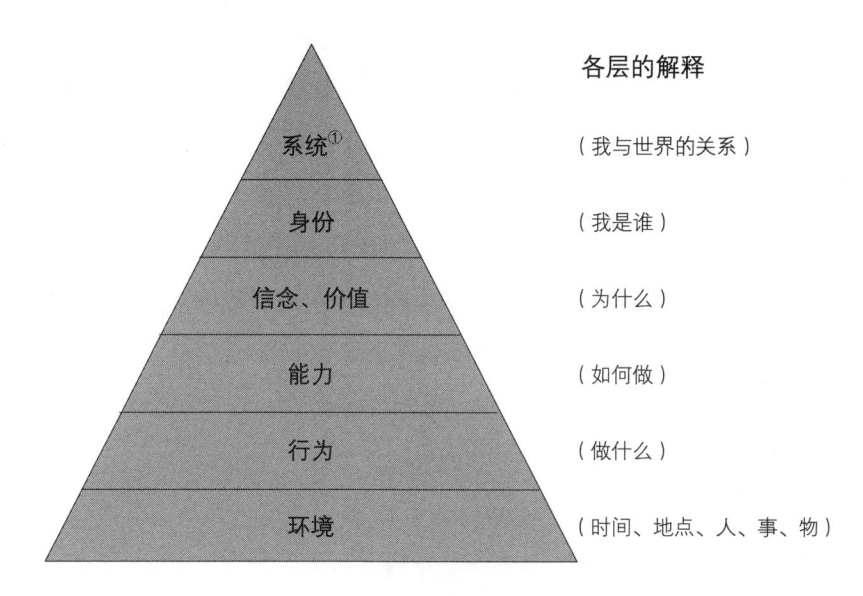

```
        系统①           （我与世界的关系）
        身份            （我是谁）
      信念、价值         （为什么）
        能力            （如何做）
        行为            （做什么）
        环境            （时间、地点、人、事、物）
```

图 4-1 理解层次

系统：自己与世界中的各种人、事、物的关系（人生的意义）；

身份：自己以什么身份去实现人生的意义（我是谁，我有怎样的人生）；

信念、价值：配合这个身份，应该有什么样的信念和价值观（应该怎么样、什么重要）；

---

① 罗伯特·迪尔茨发展出来的理解层次之最高层是spirituality，我原来把它译为"精神"。自从接触了伯特·海灵格的"家庭系统排列"，我认为译为"系统"更能表达其意思，并且去掉了超现实的含义。

能力：我可以有哪些不同的选择，我已掌握、尚需掌握哪些能力（如何做，会不会做）；

行为：在环境中我们做的过程（做什么，有没有做）；

环境：外界的条件和障碍（时间、地点、人、事、物）。

一般情况下，如果只牵涉到个人方面，我们只会用到较低的五个层次。当一个人觉得有困难时，我们若能够找出困难在哪一个层次的话，便能更快、更有效地帮他找出解决办法。

例如，孩子考试成绩不好，老师不同层次的看法——

环境："这不是他的错，教室里的噪声很多，而学校总有些使学生分神的事情发生！"（对孩子的影响力最小）

行为："他这次准备得不好。"（把责任推给孩子了）

能力："他对数学一向都领悟得很慢。"（不只是这次的问题，而是上升到一般的能力、意义的层次，范围扩大了）

信念："考试不大重要，重要的是他对学习有兴趣。"（范围更大，涉及价值观了）

身份："他不适合学数学，他太蠢了。"（这个层次比刚才四个更高，是因为所说的指向他的人的本质：他是一个怎样的人）

层次越低的问题，越容易解决。当问题升至信念或身份的层次时，解决便会困难得多。一般来说，一个低层次的问题，在更高层次里容易找到解决方法。反过来说，一个高层次的问题，用一个较低层次的解决方法，难以产生效果。除了用它来理解问题的解决可能之外，理解层次还可以被应用在以下方面：

手上有一个重要计划，可以按照理解层次的次序，由低至高，逐层做一次检讨。

当自己被一件事情困扰时，可以按照理解层次的次序，由低至高，搜索问题的根源，进而思考解决方案。

引导朋友或下属处理问题时，也可以运用理解层次找出问题所在。

更多的例子如表 4-1 和 4-2：

表 4-1 运用理解层次找出问题（1）

	孩子默写不及格	下属的报告做得不好
系统	孩子的一生际遇	他对公司的贡献
身份	他就是蠢 他天生没用	我看他不是做总经理的材料 他不是个积极的人
信念、价值	他肯天天上学便算了 我的钱够他花一生，他毕业与否不重要	他已尽了力 他服务多年，是一个诚实可靠的职员
能力	孩子从未学过拼音	他可以先来问问我嘛 他没上过大学，哪会懂得做"存货流动率"分析
行为	默写前一晚，孩子看电视至凌晨才睡	他的报告里没有做"存货流动率"分析 没给他足够的时间
环境	那所学校本来就不够好 我早就说那些老师差劲啦	仓库那边提供的资料不全

表 4-2 运用理解层次找出问题（2）

	自卑的人的困惑	婚姻辅导中的问题
系统	处于一个危险、无助的世界	和谐的家庭，快乐的婚姻
身份	我处处不如人 自小我便知道自己很弱	我们是天生一对 我是一个很坚持原则的人，而他就刚好相反！他很自私
信念、价值	输给他们是应当的 再去学习也没有用	为了孩子，我们必须继续下去 这段婚姻再没有什么意义可言
能力	除了这还有什么办法 我的确什么都尝试过了	我可以离家出来，也想过找个男朋友 我无法和他沟通
行为	我天天都在害怕公司解雇我 我一见到他走过来便觉得恐慌	我们一天也说不上三句话 每天下班这么晚，回到家中已经筋疲力尽
环境	没有一个同事关心我 香港不适合我生活	这份工作加剧了我俩之间的问题 他在外面有个女朋友

理解层次与成功人生的关系

你去问问身处困境或者不满现状但是苦无突破的人，他们往往给你的答复是："人在江湖，身不由己""际遇不好""受环境所限"，或者"条件不够"等。他们所指的或者是已经安定了一段时间，不敢放弃工作或者某些既定利益；或者是时间不适合，没有钱、技术、人才和市场；或者是没有给他们机会、没有碰上适合的人和事；等等。

这些人都已经被困在"环境"层次上的一些框框里，不肯也不敢把它们打破。在这些框框里面要有满意的改变是不可能的。事实上，为了保持这些环境层次的框框不变，他们会用以下的方式去处理其他层次（其实就是让环境层次去支配其他层次）：

这样的人生当然辛苦。这类人会有很强烈的无力感，因为他们认为只有世界改变了，其他人有所不同了，他们才会有更好的日子过，而一个人是不能改变其他人的，所以他们充满着无奈和愤慨。原因就是：他们坚持被环境的因素所控制。

成功、快乐的人生是可以策划和实现的，但必须从身份开始。最容易的做法是给自己定下一个时限，例如三年，问问自己三年后想成为一个怎样的人，有怎样的人生，然后循着理解层次一级一级地策划。

用理解层次发展出来的计划最有推动力，也最具从根本上改变人生素质的可能。从自己理想的身份发展出来的环境及行为层次的计划，可能会与现实有很大的不同，具有挑战性，但是也具有深远的提升潜力。再加上其他NLP技巧，你会发现这样策划人生最具意义，同时也最有可能成功。

以下的例子显示从下至上的人生策划无效。

环境：我在××公司担任××工作，上级是不讲理的人，每天遇到的顾客都骂我。（描述现在的情况）

↓

行为：我每天努力把工作做好，虽然没有乐趣可言，但如果能把工作更快完成也许会少挨点骂。（在那些环境框架划定的界限中活动）

↓

能力：我会去学习更多的技巧以应付环境的需要。（没打算跳出来，而只能更适应那些框架界限而已）

或者，我不知该学些什么才会有用。（向框架界限投降了）

↓

信念、价值：再学也没有用，世界就是如此艰难。或者，做人应该安分守己；（信念）

改变要冒太大的险，万一失败怎么办？或者，平稳最重要。（价值）

↓

身份：我没有这种命，我的运气不好，我接受一个平淡的人生。

更有效的策划是：

身份：三年后我将是一个怎样的人，想要有怎样的人生？

↓

信念、价值：一套怎样的信念和价值观最能帮助我达到这个身份？例如：什么是必然肯定的？我要相信一些什么原则和规律？什么是最重要的？这样的人生会给我一些什么？我应该放弃些什么，坚持些什么？

↓

能力：为实现这套信念和规条，我可以有些怎样的不同做法？什么我可以做，什么我不可以做？需要掌握一些怎样的能力？要学些什么技能？怎样去设计一套策略？

↓

行为：怎样做？第一步是什么？编一个时间表及行动计划。

↓

环境：我认识的人或公司中，哪些最能帮助我达到这个目标？哪些事物我可以运用？什么时候最适宜展开那个计划？在什么地方？

深层需要

以下是一次虚构的街头访问：

问："先生你好，请问贵姓？"

答："我姓韩。"

问："韩先生，假如你今年可以心想事成的话，你最想得到的是什么？"

答："我希望今年的生意扩大一倍，赚更多钱。"

问："'你的生意扩大一倍，钱也赚更多'，能够为你带来些什么呢？"

答："我会买房子，也会换一辆更大的车子。"

问："'买房子、换大车子'能够为你带来些什么呢？"

答："那么，我的家人就可以过得更开心了。"

问："'你的家人过得更开心'又能够为你带来些什么呢？"

答："那么，我就会觉得尽了我的责任。"

问："那份'尽了责任'的感觉又能够给你什么啊？"

答："那么，我就会觉得有满足感和成就感。"

问："那份'满足感和成就感'又能够给你什么啊？"

答："那么，我会觉得我的人生是成功、快乐的。"

把韩先生的答案用理解层次分析，会是这样：

身份：成功、快乐的人生。

信念、价值：尽了责任、满足感、成就感。

能力：家人可以过得开心。

行为：买房子、换大车子。

环境：生意扩大一倍、赚更多钱。

如果你用同样的方式去问每一个人，他们的答案，尤其是在开始时，会很不同，但是，都会像韩先生的答案一样，一层一层地从下到上进入理解层次的第五层。

你问对方时，除了上述的两个问法（"……可以为你带来些什么"和"……可以给你什么"）之外，还可以试用以下的问法：

"……其中什么对你最重要？"

"……有什么意义？"

"因为……你会得到些什么？"

这些问法，都会帮助你找出一个人做某件事背后的动机，也就是推动他去做的价值观。而凭着不断地找出动机背后的动机，我们可以找出一个人支持某些行为的深层需要。深层需要就是在信念、价值、身份甚至系统层次的动机。

细心分析韩先生的答案所形成的理解层次，我们可以看到：

环境、行为和能力层次的动机，都是韩先生身体以外的因素，即韩先生外面世界的人、事、物；而当进入信念、价值和身份的层次，便是韩先生的内心世界。

所有外面世界的追求，都是为了满足一个人的内心世界的需要（深层需要）。

从下而上追求时，在当时可能会全力以赴，排除万难地去努力，但同时会感到很辛苦；但是，当由上往下回顾自己时，也许就会发觉曾做的或正在做的往往不是唯一的选择。"家人过得开心"不一定要"买房子，换大车子"，更不一定要"赚更多钱"；而"尽责任"包括的更远远超过"买房子"。所以，当在下层挣扎的时候，如果能走到上层检讨一下自己的行为便会带来有效的突破。上一节的人生策划概念，便是同样的道理。

假如一个人的答案显露出某些层次的空白，这个人往往正在迷惘中摸索，没有清晰的方向感，也没有效果。事实上，在这类情况中，这个人往往不会付出努力。现今的青少年就很容易出现这种情况——你问他今年的愿望，他会说"有公司聘用我"（环境），再问他"这会给你带来些什么"，他会回答说："满足感、安全感"，或者"开心"（价值）。为什么"有公司聘用我"会得到"满足感、安全感"？其中欠缺了行为、能力和信念。

填补这三层的空白会是：

有公司聘用我（环境）——我便会天天做工作（行为）——我可以有所学习、交朋友（能力）——这样做会有前途（信念）——所以我得到满足感和安全感（价值）

没有了中间的层次，就像要登上一座大厦的五楼而不经过二、三、四楼，是不切实际的。

跳出环境的局限

你可以试试以下的练习，帮助自己跳出一些环境框框带来的困扰。先找一张纸，写下一件你希望拥有的事物，然后：

问问自己，如果有了那件事物，你会有怎样的行为，把答案写下来。

看着"行为"层次的答案，问问自己：这些行为，给你提供了一些怎样的不同选择，（"使我可以……"）把想到的写下来。

看着"能力"层次的答案，问问自己这些不同的选择，能够帮助自己实现一些怎样的信念，得到哪些价值。这些便是那件你尚未拥有的东西所要满足的深层需要了。

为自己的深层需要写出至少三个新的、不同的做法，它们都可以满足这些深层需要。（每个深层需要，都要至少三个不同做法）

在这些新的、不同做法之中，选出一项你认为最适当、最想做的，进行尝试。

◆ 理解层次贯通法

每一个运用过这个技巧的人都会为自己潜意识蕴藏的力量可以如此容易地被调动出来而感到奇妙，为之赞叹。很多人都认为这个技巧的感受难以言喻，但感受颇深。

理解层次贯通法详细步骤

预先准备六张纸，上面分别写上：环境，行为，能力，信念、价值，身份，以及系统。把六张纸依次序排成一条直线铺在地上，每张纸间隔一小步的距离。受导者站在写有"环境"的纸外准备开始。

用这个技巧前，必须事先定下一个目标。这目标可以是受导者本人人生里的任何事情。

这个技巧可以自行使用，也可以在别人的引导下使用。以下的话语，是出自辅导者之口，受导者不用说出目标的内容，辅导者也可以完全达到效果。

1. 准备。

"现在你站在这六张纸的起点，准备用这个技巧帮助自己有所提升。请你首先闭上眼睛，做几次深呼吸，让自己安静下来。"（辅导者用语言引导受导者进行深呼吸，辅导者的呼吸配合受导者的深呼吸。）"现在，你把运用这个技巧所需要实现的'目标'在心中默念一遍，让自己很清晰地了解这个目标是什么。当你准备好的时候，请点一下头，好让我知道应该继续下去。"

2. 环境。

"现在你踏上'环境'的纸，请你想一想与'目标'有关的人、事、物、时间、地点的资料。这个目标涉及一些什么人，在什么地方或处于什么环境，以及一些有关时间的问题，例如：你想在什么时候完成'目标'？在什么时候开始出现变化？还有这个目标牵涉些什么事、什么物品？你用些时间把这些一一地想一遍。不用急，你有很多很多时间。当你已经完全地把有关的环境因素想过一遍后，就点点头，我会带领你继续下一步。"

3. 行为。

"好，现在请你向前走一步，踏在'行为'的纸上。请你想一想，与'目标'有关的事情，你现在是怎样做的？你过去是怎样做的？请你把现在的做法想一遍。当你已经完全地把过去和现在的做法想了一遍后，就点点头，我会带领你继续下一步。"

4. 能力。

"现在请你向前走一步，踏上'能力'的纸。在这里请你想一想，你曾经考虑过哪些不同的做法，或者现在正考虑的做法。我也想请你想一想，你拥有些什么能力，能够帮助你达到目标？也想一想，你尚需一些怎样的能力，会对事情有帮助？你有很多时间，可以慢慢地、仔细地想，当你已经完全地想过一遍后，就点点头，我会带领你继续下一步。"

5. 信念、价值。

"现在，你向前踏上一步，踏上'信念、价值'的纸。在这里我想请你想一想这个目标应该是怎样的？有些什么意义？其中什么是最重要的？这个目标可以带给你些什么？你想从中得到什么？

"没有错，我想请你想一想关于这个目标的信念和价值。你知道绝大部分的信念和价值都是在我们的潜意识之中，所以，我们可以感觉得到，但不容易用文字说出来。所以，不要去刻意找出文字的描述，放松整个身心，做几次深呼吸，把注意力集中在潜意识的一点，对它说：'让我感觉一下关于这个目标的信念、意义、什么是重要的……'这样反复对潜意识说话，好让潜意识清晰地让你知道它的信息。

"对了，再做几次深呼吸，以使一些你想知道的信息从潜意识升上来让你知道，把注意力集中在身体内那一点上，重复对潜意识发出邀请。不要急，你有很多时间。当你有一些感觉从身体内升上来的时候，点点头，让我知道应该继续给你引导。

"好了，你感觉到潜意识给你的信息了，有些人知道那是一些怎样的文字意义，有些人只有一些不能理解的信号或者只是一些感觉。这些都不重要，只要继续放松，让潜意识能够继续给你信息。当你觉得潜意识已经给了你足够的信息时，就点点头，让我知道应该引导你继续下去。"

6. 身份。

"现在，请你向前踏在'身份'的纸上。在这里，绝大部分的信息从潜意识升上来，都不能用文字表达或者清晰地理解。放松自己，然后把注意力集中在潜意识的一点，反复地对自己说：'我是一个怎样的人？在我人生里我是一个怎样的人？这个目标怎样帮助我实现这个身份？'放松自己，对潜意识说：'请让我知道'（重复上述话语：我是一个怎样的人？在我人生里我是一个怎样的人？……），不用急，让潜意识用些时间去与你沟通。有些人会看到一些景象，听到一些声音，也有些人会有一些感觉升起，不论你感到的是什么，当你收到那些信息的时候，当那些感觉涌上来的时候，点点头，让我知道。

"好，当你感觉潜意识已经给出完整、清晰的信息时，点点头，给我一个信号，让我知道应该引导你继续下去。"

7. 系统。

"现在，请你向前踏在'系统'之上。在这个层次，绝大部分的信息不能用文字表达，我想请你再做三次深呼吸，把整个人放松，注意力集中在潜意识的地方，邀请它给你感受到这个层次的力量。

"这个层次，指的是你和这个世界的关系，把注意力集中在潜意识，请它与你沟通，让你知道在这个世界上你存在的意义，对这个世界来说，你可以产生的影响。不要企图找出文字的理解，这个层次的信息会超越文字的范围，很多人收到来自潜意识的信息是一束光、一些颜色，甚至只是一种感觉。不用急，只要放松自己，对潜意识反复地说：'让我感受到在我人生之中，最深层次的力量是怎样的。'不要刻意地想任何东西，只要保持放松，把注意力集中在潜意识的一点，与它沟通，当你有那种感觉涌现的时候，点点头作为信号让我知道。

"好，这种感觉出现了，继续放松，让它更为明显，使你感受得更清晰。现在我想请你做几次深呼吸，每次都用力地吸气，在吸气时感受一下这股感觉如何在身体里膨胀、变暖。

"这就是你（受导者的名字）的人生中最深层的力量。这股力量能够帮助你的人生更清晰、更成功、更快乐。继续做深呼吸，每次吸气时都使内里的感觉膨胀，变得更暖，直至充实了整个身体，继续吸气，让这股力量冲向四肢，直到每一个手指和脚趾，冲上头部，一直冲到头顶。这股力量是你需要的，是生命中支持你去把每一件事做得最好的力量，是你最深层的力量。现在它与你联结在一起，以后你可以随心所欲地运用它。我想请你再用力地吸一次气，看看可否把这股力量增加至最大——对了，就是这样。（安装经验掣）好好地享受一下这种感觉，享受与这股力量联结在一起的感觉。当你觉得可以的时候，慢慢地把身体转过去180度，但仍站在'系统'的纸上。

"好，现在带着这股在你人生中最深层的力量，想一想你与这个世界的关系。感觉一下你与这个世界的联系，感觉一下你与其他的人、事、物，分享这个世界，你和它们加起来，也就是这个世界。感觉一下，你内里的力量，如何肯定你与这个世界的关系。当你觉得准备好了的时候，点一点头，让我知道继续引导你。（继续按着经验掣直到完成，踏出'系统'的纸）"

8. 身份。

"好，现在请你向后转，并向前踏一步，踏到'身份'的纸上。请你想一想，在这个世界上你存在的意义是什么？带着这股人生最深层的力量，你怎样利用你这个人的身份，使你无论在什么地方都会产生正面的、良好的影响？在你的人生里，你看到自己会因此而成为怎样的一个人？无须开口说话，甚至无须在心里找出文字，允许潜意识运用种种不同的方式与你沟通，让它给你信息，使你更明白你的身份。

"不用急,慢慢地感受潜意识涌出的信息。只有当你感到足够时,才需要点点头让我知道继续下去。"

9. 信念、价值。

"好,现在请你向前踏一步,踏在'信念、价值'的纸上。请你想一想,你可以怎样运用人生最深层的力量去支持你的身份?怎样的一套信念和价值最能帮助你成功?什么是真正重要的?可以带给你些什么?所有这些,对你的未来而言有一种怎样的意义?

"当你觉得准备好时,点点头,让我知道可以继续下去。"

10. 能力。

"好,现在请你向前踏一步,踏在'能力'的纸上。你怎样运用你最深层的力量,配合你的身份,实现你的信念和价值,发挥你的能力?你所拥有的种种能力里面,什么最能帮助你、最有用处?你有多少个不同的选择可以考虑?还可以找出多少新的选择,使你有更成功、更快乐的人生?好好地、慢慢地想一想,你有很多时间,所以不用急。当你已经完全准备好的时候,点点头,让我知道可以引导你继续下去。"

11. 行为。

"好,现在我想请你向前踏一步,踏在'行为'的纸上。在这里,我想请你想一想,你怎样运用你最深层的力量,配合你的身份,实现你的信念和价值,发挥你的能力去做出最适当的行为?你打算怎样做?你计划怎样做?第一步会是什么?

"慢慢地想,当你准备好的时候,点点头,让我知道我可以引导你继续下去。"

12. 环境。

"好，现在我想请你向前踏一步，踏在'环境'的纸上。在这里，我想请你想一想你怎样运用你最深层的力量，配合你的身份，实现你的信念和价值，发挥你的能力，做出最有效、给你最大成功、快乐的行为。在你的环境之中，有些什么最能给你帮助。

"慢慢地想，当你完全准备好的时候，点点头，让我知道我可以引导你继续下去。"

13. 完成。

"好，现在，我想请你向前踏一步，闭上眼睛，吸一口气，感受一下此刻的感觉，感受一下内心的力量和很多已经清晰的事情。许多的感觉，好好地感受一下（放下经验掣），然后转过身，看着这六张纸，用眼睛重复刚才的过程。脚无须动，只用眼睛便可，重温刚才在每一张纸上时的内心变化和感受。慢慢地做，不用着急。当你结束时点头示意。我们那时再谈谈刚才的过程。"

这个技巧可以用在解决人生任何问题上。受导者必须有一个清晰的目标（想凭这个技巧而达到的目标）。无论开始时的目标是什么，到了"身份"的层次，其实都是运用受导者整个人的力量去找出解决办法，因为任何事都脱离不了本人的世界。若想这个技巧有显著的效果，需注意掌握一些细节：

（1）逐级引导，不要超越六个理解层次的任何一层。

（2）辅导者应给受导者足够的时间去与潜意识沟通。最有效的做法是让受导者在准备好的时候用点头做信号，让辅导者准确地控制时间。

（3）受导者往往在过程中（站在每一张纸上）闭上眼睛。辅导者应密切注意受导者的面部表情及肢体语言的变化，例如：眼皮不断跳动。同时加上鼓舞性的语词（例如："对了，就是这样""好，做得很好""继续，继续这样"……）。

若在任何一个层次受导者没有进展，辅导者可选择以下任何一个方法去解决：

（1）引导受导者退回上一个理解层次，在那里再仔细地想一次，取得潜意识的信息后再继续。

（2）引导受导者走出六张纸所象征的六个理解层次，如，站出来（抽离位置），从旁边看看情况是怎样的，可以有些怎样的做法，等等。待有了新的启示，再踏入刚才所站立的纸上，继续下去。

（3）引导受导者集中精神先去放松自己，用深呼吸法、观心法等，使自己完全放松了，再把注意力放在对潜意识反复地说："请与我沟通，让我了解你更多。"

若这些方法都无效，可考虑只用意识的理解能力去完成过程。大部分的受导者站在"系统"位置后，转身返回的过程会进行得很快，甚至无须辅导者说任何话。这是正常且良好的现象。

很多受导者在"系统"层次时，对潜意识升起的力量会有各种强烈的感受，例如：眼泪大量涌出、全身发热、体内流动一股暖流、身体摇摆不定等。只要受导者没有恐惧或不良的表现，辅导者应鼓励和引导受导者放松，让受导者完全地接受这股力量的提升和扩大。

当受导者在"系统"层次感受到潜意识的庞大力量后，辅导者为其安装经验掣，多为用手紧握受导者的手臂（注意左右手的安排以方便受导者转身回走为准）。这个经验掣应一直伴随着受导者，直到受导者回身走出最后一张纸"环境"后再放开。

企业文化与团队和谐

一个群体的文化，其实就是其成员的 BVR（Believe、values、rules）重叠所得出的结果，也就是他们的共同信念、价值观和规条。领导者的 BVR 对群体的文化有决定性的影响力。

当群体成员的 BVR 重叠部分够深厚、够广阔和够浓重，也就是群体的共同信念与共同价值够强，其成员的向心力、归属感和积极性便会更强。反之，若群体的共同信念和共同价值既浅又窄，并淡薄，群体成员便会把注意力放在各自的非共同的 BVR 上。个体间会出现很多争执、冲突和自私行为，群体的目标也难以圆满地达到。

在人与人相处的环境里，必然有"我""你"及"我们"三个部分存在。若是两人对话，"你"将是对方；若是一个群体，则"你"是所有其他的人。"我们"由"我"和"你"组成，但"我们"并不简单地等于"我"+"你"。因为没有两个人是一样的，因此，没有两个人的信念、价值和规条系统会完全一样。"我"+"你"是完全保留两个人不同的信念、价值和规条系统。一个良好的"我们"，应该包括了双方认为重要的 BVR，但无法包括他们所有的 BVR，因此一个有效的"我们"必须是"我"和"你"做出修正后组成的系统。

"我们"就像两手合掌握成拳头，两手虽各有不同，但合成的拳头却紧密有力，互相配合着对方的特质。

在任何由两个及两个以上的人结成的群体里，大至两个国家，小至偶遇的两个人，包括部门、公司、雇员和顾客、上司和下属、朋友、夫妻等，若"我们"被彼此尊重，优先对待和支持，这个群体将强大，因而其中的每一个"我"可以健康和成功地存在。若每个群体成员把"我"的位置放于"我们"

之上,"我们"将减弱,长久下去,"我们"将会消减、失败,因此,"我"将不能保存。

所以,保存"我们",强化"我们"的工作做得更多,才是成功的方向。把这个概念放在工作中出现的情况下,我们便会很快找到解决的方向。

共同信念是每个人都支持的信念,共同价值是每个人都想得到的价值。任何人与人的沟通里,必有共同信念和共同价值的存在。在一家公司里,它们是公司文化的主要构成部分;在一个家庭里,它们是维持家人愉快亲密地生活的基础;在一个社会里,它们是维持安定和繁荣发展的因素。

共同信念和共同价值往往存在而不被人察觉,这需要各人的留意,或者管理决策人士的刻意提醒。有时,它们更需要人们努力去创造出来。

有了足够的共同信念和价值,在需要配合、协调、相互支持的环境里,个人才会发挥所长,自发地把事情做到最好。

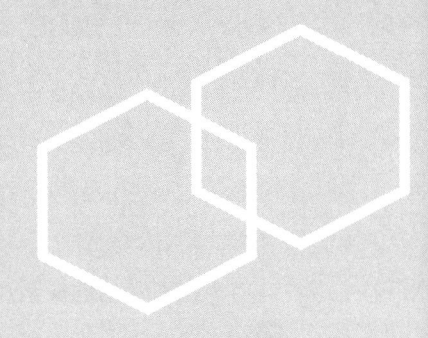

第五章
大脑的运作与潜意识

个人的整体能力均由大脑控制。大脑的能力可以分成意识和潜意识两个部分，它们相互配合，亦相互制约。潜意识总是不断地为使一个人得到更多、更好而努力，它所具备的"自动选择最好"机制，每天都在大脑中运用千千万万次。只要引导人们相信有解决的可能和解决的可能方向，人们的潜意识便会主动地找出解决办法。

人类对自然的探索和征服已经取得很多卓著的成就，但对自身的了解却显得微乎其微。大脑便是科学家一直在试图破解的一个奥秘。NLP也在脑的神经元网络、意识与潜意识、思维模式等方面进行了深入研究，虽然无法揭示其全部奥秘，但一些研究成果却带给人们非常大的启示，运用其中的一些规律，尤其是掌握与潜意识沟通的技巧，发挥潜意识的能量，将会成倍地提高人的思维水平，减轻人的痛苦和压力，使身心和谐一致地发展。对潜意识的洞悉与觉察、把握和运用，将带给人全新的生活境界。

◆ 认识我们的大脑

大脑的发育

大脑的发展是从胚胎顶尖上的几个细胞开始的，在几个月内经过一个快速成长的过程，发展出2000亿个脑神经细胞。它们彼此竞争以争取与发育中的身体的各部分建立联系。未能成功建立联系的脑神经细胞会得不到所需的化学成分，因缺乏营养而死亡。受孕后20周，一半的脑神经细胞被淘汰，只剩下1000亿个伴随这个人面对世界。这次庞大的过量生产是必需的：确保有足够的脑神经细胞去发展出新的技能，如同我们的祖先发展出直立行走和语言。脑神经细胞的学术名称是神经元。

一只果蝇有10万个神经元，一只老鼠有500万个神经元，人的近亲——猴子有100亿个神经元，人有1000亿个神经元，超过所有生物。因此人有自觉性、语言，能够联想和解决问题。其他的动物因为大脑都没有这么发达，便只能依靠本能反应。

大脑的运作依赖于神经元之间的连接网络，就如一座现代都市的运作依赖于大厦房屋之间的道路网络。神经元之间的连接网络在动物出世之前便已开始建立。外界经感觉器官传入的任何刺激都导致新的连接网络的产生。

连接网络是由一个神经元与其他神经元接触而产生的。一个神经元与1000~200000个其他神经元接触（接触点称为"触突"）。一个出生不久的婴儿，其脑中新增加的神经元之间接触的速度，可以高至每秒钟30亿个接触点（如图5-1）。

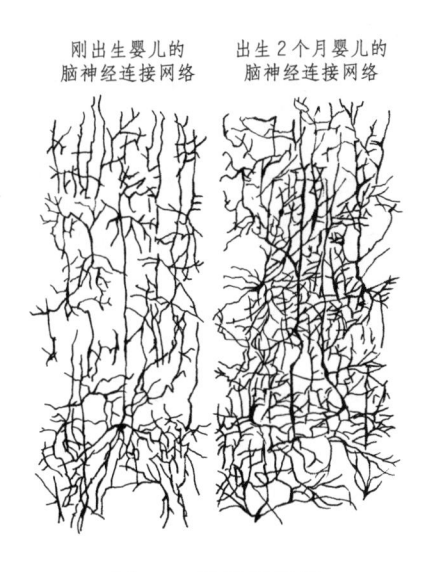

图5-1 脑神经网络

出生8个月后，一个婴儿的脑里会有约1000万亿个接触点，之后这个数字会减少。未能与外面世界建立联系的网络会消失。在 0~12 岁时，这个孩子脑里的连接网络会下降至 500 亿个接触点。在多刺激因素环境下成长的孩子，这个时候脑神经连接网络数，比一个在缺少刺激因素环境下成长的孩子的脑神经连接网络数会多出 25%，这就是两个孩子智商差异的原因。由此可见，孩子出生后最初 3 年对孩子大脑发育至为重要，遗憾的是，绝大部分的儿童在这 3 年里没有得到这方面的适当照顾。

神经元之间接触点的产生及消失，也与思考量的多少有很大关系，这也是大脑能力提升的来源。大脑能力的增长，用"逆水行舟，不进则退"8 个字来形容最贴切不过：用得越多，能力越强。人从出生到 12 岁，大脑就像一块吸水力特强的海绵，是每个人最重要的学习阶段，其间触突会大量地产生和消失。在这 12 年中，尤其是最早的 3 年，奠定了一个人思考、语言、视觉、态度、技巧等能力的基础。12 岁前各种能力的学习网络全部出现，大脑的基本结构也定了型。

外界的刺激能永久性地改变脑神经细胞。应激反应（一般称为压力）和可卡因一样，能产生生物化学上的改变，直接影响脑神经细胞的生长，因而形成永久的、不良的行为模式。引导神经细胞学会做它的工作，感官经验是十分重要的，若在一段关键时间里没有适当的感官经验，神经细胞便失去学会做有关工作的能力。

大脑的工作机制——神经元与连接网络

人类的大脑怎样储存资料，让我们知道哪些东西能带给我们痛苦或乐趣呢？我们的大脑又怎样产生新的想法、新的做法呢？研究这个问题，我们需要从脑的基本构成单位——脑神经细胞，即神经元开始。

每个人的大脑都有约 1000 亿个神经元，不同的人相差不会超过 1%~2%，所以一个人的聪明程度不是由神经元的数目决定，而是由神经元之间的连接网络决定。

每一个神经元都是一个细胞（如图 5-2），有细胞体，信息由树突传入，在细胞体内经过处理，经由轴突（axon）传至另一个神经元的树突。一个神经元的轴突末梢和另一个神经元的树突触须之间，有一个细微的空隙，称为突触。信息在神经元体内传递的方式是电脉冲，由突触传给另一个神经元所用的方式则是体内自制的化学物质，称为脑神经递质。

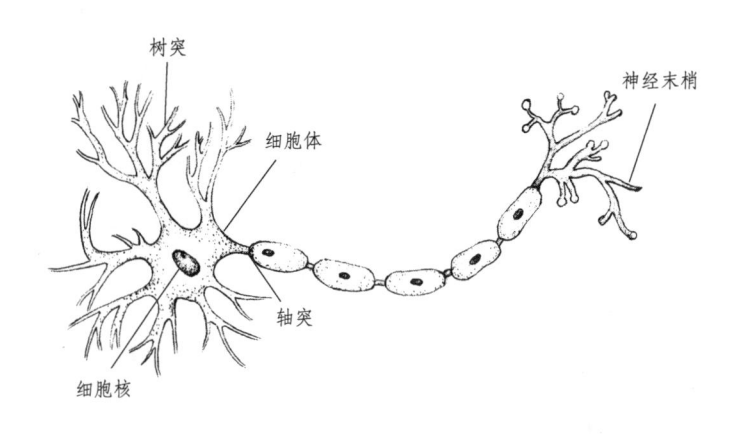

图 5-2 神经元

一个人在出生之前，脑中的 1000 亿个神经元已经几乎全部准备好，而神经元之间的连接网络则是十分稀疏的。因为婴儿未能有意识地进行思考，他只会凭外界的刺激而制造连接网络。

任何声音、景物、身体活动，只要是新的（第一次），都会使脑里某些神经元的树突和轴突生长，与其他神经元连接，构成新的网络。同样的刺激第二次出现时，会使第一次建立的网络再次活跃。就是说，新网络只能在有新刺激的情况下产生。一个人的一生之中，不断有新的网络产生出来，同时有旧的网络萎缩、消失。一个旧的网络，对同样的刺激会特别敏感，每次都会比前一次启动得更快、更有力。多次之后，这个网络便会深刻到成为习惯或本能了。这便是学习和记忆的成因。在特定情况下，一次学习便能记忆得很久，比如恐惧症和一见钟情。每当有同样的事物出现时，同样的网络便会启动。当然，没有建构出来的网络则不能被启动。这就是说，如果一个人有 5 个不同的网络，我们的脑只能启动这 5 个网络，我们的思想和行为的反应也只限于这 5 个选择中。

每个人的脑随着身体和年龄的成长而发展。如果同一件事曾经有 5 个不同的发展过程或结果，类似的事下次便会出现：我们大脑的前额叶收到由眼、耳或其他感觉器官传入的信息，会马上启动所有有关的连接网络。就是说，大脑会自动地在资料库中找出所有有关的储存资料，然后做对比节选的工作，最后，把最有可能适合这一次用的资料，传给边缘系统。就是说，会在已有的 5 个网络中选择最贴切的一个启动。边缘系统负责情绪，前额叶做的搜集、对比和节选工作，在五百万分之一秒内完成，而且是一刻不断地进行的！

大脑新皮质，也就是我们的脑最表层的 3 毫米厚度，有 6 层神经元。它们储存了每一个人的知识和学问，调用这些知识经验的方法就是制造连接网络。每有新的资料需要储存，神经元就会产生新的树突和轴突，建造新的连接网络。每个连接网络代表一点知识学问，每次用到它时，这个网络都会启动一次。同一件事有 3 个不同的做法，我们会说有 3 个选择，在某种条件之下，其中一个选择会有最好的效果；在另外一些条件之下，另外的选择会更好。故此，选择越多，我们的能力越大。

◆ **意识与潜意识**

我们头脑的功能，从运用的角度看，有两个状态：意识和潜意识。在潜意识状态中能被运用的能力远远超过意识状态中能被运用的能力。

意识状态是当我们看、听、说和思考时,我们能够意识到自己正在看、听、说和思考。意识状态的能力十分有限(与潜意识状态相比较),一般来说,它包括以下两点:

第一,运用五官和四肢与外界沟通,接收或是发出信息。

第二,大脑皮质所进行的认知和思考工作。

而这些工作,往往可以在潜意识的控制下进行,意识可以是一无所知的。

潜意识则负责:

(1)所有记忆、知识和能力的储存。

(2)对所接收的信息进行认知和确定意义的过程。

(3)身体各部分和系统的运作与协调,生命和身体健康的维持。

(4)思考过程,支持逻辑分析、推理等意识运作。

(5)心理状态的各种功能,包括情绪和感觉的转变及运用。

(6)其他尚未能清晰解释的功能。

潜意识所控制的身体功能和能力中,有一部分可以提升至意识的层面。这部分也就是每一个人可以发挥潜能或者增长能力的部分(如图5-3)。

从科学的角度去介绍潜意识不是一件容易的事。一般来说我们认为潜意识隶属以下两门学科:

(1)脑神经科学。因为潜意识与大脑功能有关。

(2)心理学。因为潜意识与我们的行为表现有关。

图 5-3 潜意识中的部分内容可以被提升至意识层面

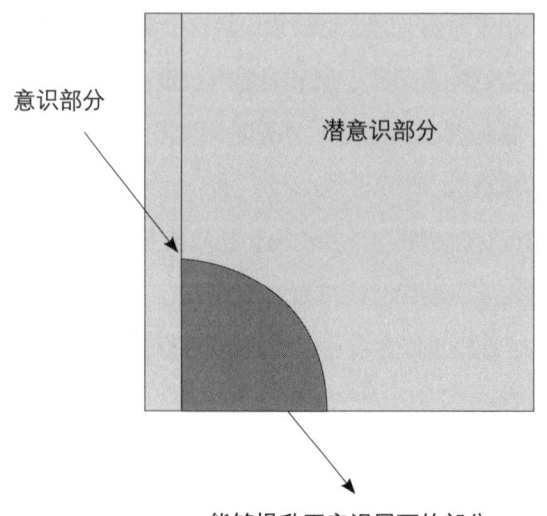

但是，我查过一百多本有关脑神经科学和心理学的中英文专业书籍，竟然找不到对"潜意识"一词清晰或全面的解释，其中一些书本中甚至没有这个词！换句话说，这个词似乎只存在于一般人的言谈中以及非学术性的普通书籍之中！

意识与潜意识是手牵手地工作的。我引用了查尔斯·克雷布斯博士（Dr. Charles Krebs）一篇文章中的一部分：

你的身体在不停地工作，其过程远非我们的脑的意识部分能够处理。简单如站立，你的身上有数以百计的肌肉，各自处于不同的收缩状态来使你站立，每秒钟它们发出的信息有 500 万~1000 万，你的意识是无法处理的。这些信息的绝大部分直接深入潜意识部分，只有极少数送到意识部分让我们感知。

你告诉你的身体站起来，这个简单的指令由意识传给潜意识的活动机制部分，指令你的肌肉去收缩及配合，使得你的身体能够站起来。这个动作需要数以百万计的感官资讯，然而你只要意识到你已经站起来便足够了。

当你走路时，起步的决定是有意识的，一旦开始，你就可以把思想完全放在其他事情上，因为你的潜意识已经接手控制身体步行的工作。就像一架飞机由飞行员操纵起飞，一旦飞上天空，自动导航系统允许飞行员把全部注意力放在其他事情上。不仅如此，我们研究肌肉反应，得出的结论显示潜意识的力量能够超越意识的力量，因为只有如此，潜意识才能确保我们的生命得到最大的机会生存下去，而不会受到一些意识产生的错误意念的影响而导致生命危险。试举一例，如果你试图举起一个你身体的肌肉和筋骨不能负荷的重量，潜意识的探测器探到那不断增加的压力，便会将有关的危险通知潜意识的控制中心。潜意识于是会指令有关的肌肉放弃，否定了意识所发出的指令。这种现象，在举重比赛里经常见到，一个选手勉强地把杠铃举过头，开始发抖，然后把杠铃摔在地上。他的潜意识压过了意识中想打破世界纪录的念头，不允许一个理想但不切实际的愿望去危害身体。

所以，当我们以为我们控制了身体的活动时，我们其实所知甚少。极大部分的身体活动由我们的潜意识所控制，而它的目标是：生存。

意识和潜意识在哪里

意识和潜意识在脑的什么地方呢？大致可以这样说：意识是前额叶的一些部分，加上新皮质里当时被启动的某些数据储存神经元网络。前额叶是负责解决问题及未来策划的部分，其中分析的部分收到感觉器官传入的信息后，从新皮质层里找出有关的储存经验数据，然后考虑可能有的选择，做出决定和计划。如果在这一刻你在看一条狗，你的意识就是在脑里的前额叶和所有与那条狗有关的数据储存神经元网络（包括什么样的狗会咬人）。不同的事情，就有不同的神经元网络，但是总要用到前额叶，所以，前额叶被认为是意识的中心。

我们可以把意识看作是战场上拿着枪作战的士兵，他正在做最重要的事，而在后方支持他的所有人，包括输送子弹、食物、寒衣及所有装备的人，都属于潜意识。因此，除了正在被意识运用的神经元网络之外，脑里所有的其他部分都属于潜意识的范围，它们正在工作，而且它们的工作极为复杂，其中边缘系统的下丘脑被认为是潜意识的中心，因为这个部分有网络与脑的所有其他部分连接，同时也直接控制自主神经系统，因而控制整个身体的活动。紧贴着下丘脑的海马体和杏仁核也扮演一个相当重要的角色。这些部分都属于边缘系统。

因此，潜意识是在维持整个人所有的功能，让意识去专注于当下该做的事。人是唯一的有自觉能力的动物，这种能力让我们能够在做过的事情中快速学习，因而快速进步，这种能力也在意识的部分。

意识与潜意识的分工和合作

整个人的能力，均由大脑控制。大脑的能力可以分成意识和潜意识两个部分。

意识和潜意识、理性和感性等并不意味着可以将一个人分割开来。反之，意味着一个人具有多面性，而这些不同的"面"脱离不了整体，这更肯定了一个人的完整性和不可分割性。由潜意识控制的很多身体部分虽然不能由意识随意直接地联系，但却可以经由意识与潜意识沟通而间接地做出推动，甚至对其加以控制。

当我们内心（其实是脑的意识部分）有一个意念涌出的时候，脑中的一些神经细胞便会释放出与该意念有关的脑神经递质把信息传送给其他脑神经细胞。一个短暂的意念所能驱动的神经细胞有限，但不断重复同一意念，同样的脑神经递质会一次又一次地使受影响的神经细胞范围扩大，最终驱动自主神经系统（肌肉与体内器官的状态）、内分泌系统（各种荷尔蒙负责调节全身各种功能）和免疫系统。情绪状态也因而改变了，因为情绪其实是神经系统和微体之间相互影响及驱动过程的产物。某种脑神经递质的大量出现，会使人产生某种情绪，同时身体各部分亦会有某种形式的反应变化。坎达斯·珀特（Candace Pert）在其1998年底出版的 *Molecules of Emotions: The Science Behind Mind-Body Medicine* 一书中便指出，脑神经递质，其实就是我们的情绪分子，同时也是大脑驱使身体状况改变的信差。所以，脑神经递质同时具有生理与心理的属性和功能，这也证实了身与心的联系方式。

换句话说，我们可以有意识地运用意念去驱动我们的脑，然后用我们的脑去驱动身体，这包括潜意识所负责的所有部分和功能。我认为意念与脑加起来，便是我们一般说的"心"；而脑与身体合起来，便是"身"。身心一致是指这三个部分的良好契合与平衡。身心一致的过程绝非"意念—脑—身体"的单向沟通。脑和身体都不断地供应回馈信息，使我们的意念不断地变化和修正。其实"意念—脑—身体"的过程，每个人每天都要重复千万次，只不过我们没有意识到而已（如图5-4）。

对没有耐性听学术理论的人我会这样解释：当你在看、听、说和思考，同时你又知道你在看、听、说和思考时，你便是在运用你脑中的意识部分了。而同时维持你生存的种种功能、自出生至今的经验记忆、学过的所有知识与掌握的所有技能，了解和运用身体的每个部分的能力等工作，都是你的潜意识的工作，而且正在控制得很好。意识则负责维持我们与外界的联系：简单地说，就是从外界收取信息、思考如何更有效地处理、做出响应等。

科学研究显示，人脑的能力，尚有九成以上未被用到，这就是说杰出的人还可以更杰出很多倍。意识的能力有限，而潜意识的能力则是惊人地庞大——就看我们如何把它发挥出来。

潜意识控制的部分工作，也就是能力，可以提升至意识的层面。例如，你现在能够知道你左手拇指的感觉。在我这样说之前，你左手拇指的感觉处于潜意识的控制下。当你因为我的提示而开始注意左手拇指的感觉时，这部分的感觉，就被提升到意识的层面了。由此可以推想到，我们是可以引导人们有意识地运用潜意识控制的能力去解决问题的。

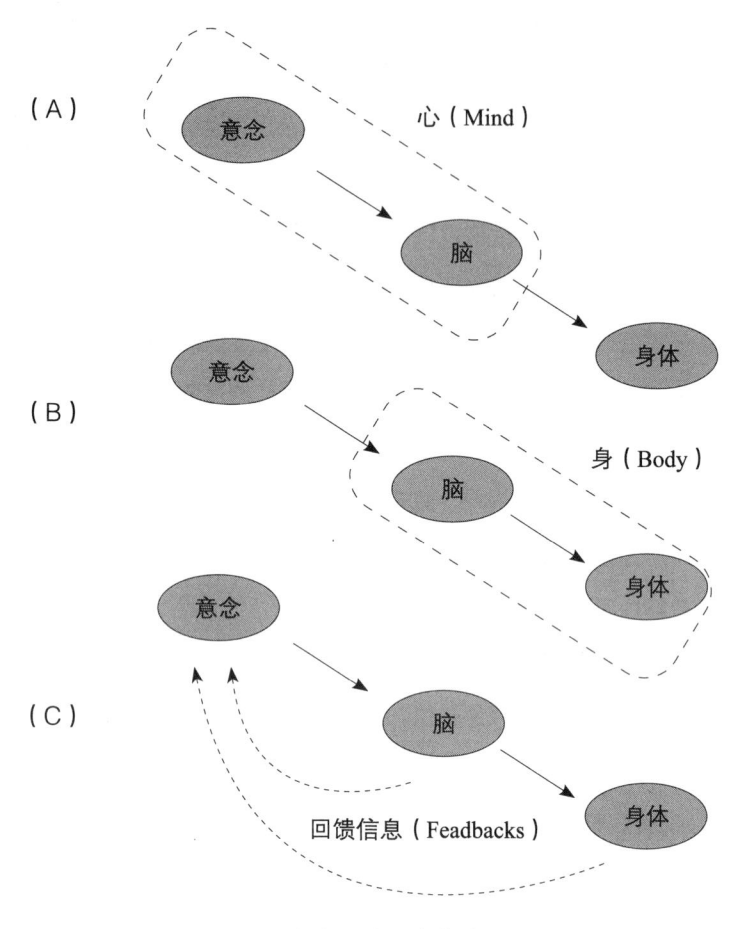

图 5-4 意念、脑和身体的关系

意识可以休息，通常是在一个人无须再与外界联系的时候。在睡眠时，意识便是全面休息。潜意识则无时无刻不在工作，只有当一个人死亡的时候，潜意识才停止工作。所以，潜意识无时不在。

知道了这些，我们可以明白：意识和潜意识的存在，是可以察觉得到、感受得到的，虽然在程度上会有不同。意识就好像是一个独立完整的人，他站在屋外，大家可以清晰见到。而潜意识则好像是屋内的很多个人，我们在屋外不能见到，但是可以凭种种信号征象而觉察他们的存在。事实上，潜意识所控制的东西，很多是可以直接察觉得到的（例如胃的感觉），但更多是只可以间接察觉（凭借与潜意识沟通的方式，例如免疫系统）。

有些与外界接触的功能，一般都有意识的参与，但是，也可以在意识开小差的时候由潜意识去照顾的，例如："视而不见""听而不闻"。这些情况，指出你可以有意识地控制你看/听什么，但是也可以叫意识下班，由潜意识接班。

意识与潜意识的互相配合和制约

意识与潜意识互相配合，亦互相制约。例如，一位举重选手决心打破自己的纪录，他会有意识地决定这次创纪录的举重重量是多少，他的潜意识会调整身体里的状态去配合这个目标。当他一鼓作气把杠铃举起时，他感到有些勉强，他的意识便会盘算：应否坚持下去？若他决定放弃，潜意识马上改变身体里的状态，双手无力支持，而把杠铃放下；若他决定坚持，潜意识会调动身体发挥出更大的力量，我们一般看到的就是他用力地吸一口气，或者大喝一声，把杠铃举起来。如果这次的重量实在是超越他的极限，潜意识为了保护他，会发出放弃的指令给身体各部分。我们会看到他的手发抖，终于把杠铃抛下。

每个人都有过这样的经验：在某些情况下，内心有冲突性的意念——很想去做一些事情，同时又好像身体里面有另外一个部分感到很不妥当。你也可能听过有人说："我知道这样做很不对，但就是无法控制自己！"他说的"自己"在哪里？就是他身体里潜意识的一个部分！你或许也有过心中好几件事情同时困扰着你的经验。当你的意念在思考其中一件事的时候，内心其他事情带来的情绪感受使你不能集中精神。（由此可见，潜意识可以同时关注几件事情，好像有不止一个部分，且每个部分各有独立运作的能力。）

新的神经元网络，可以用潜意识自动发展出来，也可以经由意识思考而创造。当我们有意识地思考一些新的东西时，第一次构成的神经元网络是十分脆弱的，但是如果我们不断地重复同样的思考，这个网络便会经强化而成为思想上的必经之路了。旧的网络，由潜意识负责。

潜意识的运作过程：外界新刺激的信号收进来→新皮质在五百万分之一秒内提供所有有关的储存记录→边缘系统选择最恰当的经验网络，启动所拥有的情绪，产生推动力量→新网络发展出来。

意识的运作过程：外界新刺激的信号收进来→经思考产生新的神经元网络→经过反复思考，新的网络得到强化。这个模式的重复能够在短期内把网络变得极为深刻，因而给我们推动力。

这两个途径谁的力量大？

这个问题没有固定的答案。完全要视每一次双方所经的途径中哪些网络更深刻，因而引起的情绪感觉更强而决定。

总结下来，我们看到这些可能：

（1）一个儿童成长过程中某些负面的人生体验会演变为长大后的心理障碍，因为所有已有的网络都只给他类似的负面情绪，没有例外。

（2）有适当的培训或辅导，这个人可以凭引导改变思考模式来改变大脑网络，进而改变那些心理障碍。

（3）信念可以凭自我有意识地思考而建立，我们固然可以凭有效的技巧使我们提升信念，但是无效的、妨碍一个人健康成长的信念也可以因此而建成。

所以，有效的、正面的思考技巧是很重要的。

当一个受导者坚持一个思考模式的时候，他是在"维持同一网络"，从而一再重复那个思考模式，所有身处困境的人都陷于这种状况。事实上，每一个神经元与至少1万个神经元连接，脑里所有的1000亿个神经元能够创造出来接近无限大的网络数量，因此，只要不坚持无效的模式，每个受导者都已经拥有解决问题的能力。

潜意识的自动选择最好机制

潜意识总是不断地为使一个人得到更多、更好而努力，也从来都不会有伤害自己的动机，只是有些时候，它所选择的做法未能有效地满足那些良好动机而已，它欠缺的是更有效的做法。

想象你搬到一个新的地方居住，三天内你便找出从住处去市场有三条路线，分别需要60分钟、40分钟和20分钟。假如所有其他条件，例如安全舒适度和沿途风景都是一样的，而且你只是想去买菜，每次你想也不想便会走那条20分钟的路去市场买菜。假如尚有另一条路只需12分钟，在你知道它的存在之前，你是不会（不能）走那条路的。但是，倘若你被带领着走过一次，那么之后你也会想都不想便选择走那条新路去市场了。

这样的自动选择最好的机制，每天在脑里都要用上千千万万次。每个念头、每句话、每个行为，都需要启用这个机制。（事实上，有一种神经系统障碍症便是不能做出这样的选择，病人会极度苦恼。）每一个选择，在脑里都是一个神经元网络。当"需要去市场"的念头涌出来时，四条路线的网络都会被启动，然后，那个"自动选择最好"的机制便会发生作用，做出选择。不知道的路线，在脑里面没有网络。但是这个所谓的"知道"，可以是经由走过、听过，也可以是凭思考而产生出来的网络。这也就可以解释为什么"情绪疏导"的效果会来得这么快,因为我们引导受导者制造出"更好"的神经元网络。

就用上面的例子做进一步的说明:当你只知道三条路去市场,在你知道有第四条路的存在之前,你是不会考虑的。若没有人带领你走过,而你只听说有一条更好、更快的路,你会怎样?你会开始想那第四条路在哪里,怎样才可以找到它。你也会开始注意与这件事可能有关的信息,每经过一个路口都好奇地想一想那第四条路会不会在这个方向找得到。这样,不需要很久,你便会找到那条新路。这个例子说明:只要引导人们相信有解决的可能和注意解决的可能方向,人们的潜意识便会主动地去找出解决办法。英文的一句俗语:When you know the question, you have half the solution already(当你知道你的问题,问题便解决了一半)正符合人脑的运作模式。

❖ 如何与潜意识沟通

与潜意识沟通的技巧

一般人虽然听过"潜意识"这三个字,但是不大知道它的意义,更不用说如何与它沟通了。我们身体里一些最重要、最复杂的部分,例如:免疫系统、内分泌系统、自主神经系统等,都是由潜意识完全控制的。在过去,人们认为跟潜意识沟通是很难的,只有有着特别修行的人才可以做到。最常在生活里感受到这一点的,就是对潜意识产生的负面情绪感到无可奈何了。情绪在潜意识里产生,通常认为在某些情绪出现的时候,一个人无法改变这个状态,而只能够等待情绪自行消逝。但本书提供的技巧证明,这是不正确的:我们可以有意识地与潜意识沟通,因而使潜意识能够改变那些重要和复杂部分的状况。

每一个人的潜意识都好像一个小孩子：力量又多又大、好奇贪玩、对文字不大感兴趣、需要呵护。它负责一个人的所有喜怒哀乐，也负责人生里需要的勇气、自信、冲劲、冷静、创造力、幽默感等各种能力（感觉就是能力）。越肯定潜意识，越对它表示欣赏和感谢，它越做得起劲，越会与你配合。运用这些概念，与潜意识沟通，效果会又快又好。

与潜意识沟通的技巧其实很容易。我们知道当一个人在快速行动、紧张时，他的意识是在积极活动的状态中。这时，潜意识忙于应付可能出现的威胁，保护主人，是没有兴趣做沟通的。所以，与潜意识沟通，第一步就是使其平静下来。最容易的方法是引导受导者做深呼吸，在呼气的同时把注意力放在两个肩膀上。同时做这两件事（呼气和把注意力放在肩膀），能改变自主神经系统的工作，抑制交感神经而活跃副交感神经系统。简单地说，就是开始放松。深呼吸三次后，肩膀的放松感觉会漫延到身体更多的部分。这样，潜意识觉得可以松弛下来了，便也乐于做沟通工作了。

第二步，引导受导者把注意力放在身躯里感觉其所在，想象那处就是潜意识的中心，像是对着心中一个人说话一般，与它对话。这样的对话，可以说出声来，也可以只在心里进行。若受导者觉得这样难以掌握，或者找不到身躯里的感觉所在，可以引导他把一只手按在胸口处，把胸口被按着的感觉看作潜意识。

与潜意识沟通，在开始和结束时，都应对它说"多谢"。在沟通过程中，每当它给你回应或者信息，也应先说声"多谢"，再继续下去。这样，潜意识会知道你肯定、接受、认同和欣赏它的工作，会更乐意与你有更多的沟通。（每当一个人在责骂自己没用或不对时，都是在否定潜意识。细心想想，一生里潜意识不断默默地为自己做这么多的事，保护照顾自己，而自己常常不断地否定它。换作你是潜意识，会愿意沟通吗？）

脑的运作是用二进制（binary）的，就像计算机一样。所以，问潜意识的问题，必须只有"是"和"否"两个答案。例如，"哪一个选择最好"的问题，潜意识不能简明快捷地给你答案。"A 是否适合我"这样的问题，则符合潜意识的运作法则。

给潜意识的指令，最好是留有足够的空间让它发挥。例如，"马上便增加"不如"在最快、最符合我的利益时增加"。在催眠语言模式的"提示语言模式"里，我要介绍的埃里克森经常用的"双刃式"，对促使潜意识更快速发挥能力很有效果。用前面的例子，"双刃式"的说法会是"我不知道你会在今天晚上，还是明天早上增加"。

和潜意识的沟通，运用负面词语是没有效果的。就算需要用负面词语，也应当在后面马上用正面词语补充。例如："不会紧张，而会平静地聆听，同时注意……"

驱走不好的情绪或反应时，记得让潜意识保留这些能力，以便有一天在某个环境里需要这种能力保护受导者时，潜意识能让它们发挥正面的作用。潜意识是不愿完全地放弃一些能力的，允许它保留有运用那些能力的可能性，潜意识会更合作。例如，有一次被狗咬伤了，因而对狗有过敏性恐惧的人，要他的潜意识完全对狗再没有恐惧和担心，并不符合他的最佳利益。所以，应该先使受导者明白这份恐惧是潜意识的保护机制，先肯定它的正面动机。让受导者明白，如果有一天有只疯狗向他飞跑过来，他仍需要那份恐惧去驱使他逃跑。但是在日常生活里遇到可爱温顺的小狗，受导者能够与小狗开心地玩耍，得到更多的快乐。

凭与潜意识沟通而改善身体状况

一般的身体不适，可以凭着与潜意识沟通而消除。这样的身体不适包括：

（1）因为环境因素而引起的。例如，坐在空调出风口的下面，不断地被凉风吹而造成的头痛。

（2）因为心理因素而产生的。例如，焦虑、对某些人或事反感，包括过敏性的生理症状。

真正的病痛，应该找专业的医疗人士处理。如果你已真心决定找专业医疗人士处理，凭借与潜意识沟通可以降低身体的不适。但是，如果你试图凭与潜意识沟通减轻身体不适而不去找专业医疗人士处理问题，这个技巧便会无效。另一个没有效果的原因就是受导者抱着"不相信有可能"的心态去运用这个技巧。辅导者无须受导者完全相信技巧，只需抱着一个"尝试一下，让效果证明"的态度便可。

开始之前，受导者需要把问题形象化。辅导者引导受导者说出问题和解决方式，例如，因为坐在空调出风口而引起的头痛，问题是"头痛"，解决是"轻松，集中精神学习"。然后，辅导者引导受导者找出代表"问题"和"解决"的两种手势，例如，"问题"就是双手手指张开，然后用力地向内收缩，重复数次；"解决"就是双手手心向上，手指柔和地张开，重复数次。找出代表问题和解决的手势对技巧的效果很重要，辅导者应引导受导者多说和多做几次，确保步骤清晰和熟练掌握。辅导者应尽量让受导者本人做出代表问题和解决的手势。

第一步：引导受导者做深呼吸，在呼气时把注意力放在双肩上，使他放松。

第二步：引导受导者把一只手放在胸口，认定胸口被按的感觉就是自己的潜意识，对它说话。（辅导者说一句，受导者跟随说一句；可以选择让受导者说出声音或者只在心里说话。）首先，受导者要多谢潜意识一直以来的照顾。

第三步：引导受导者对潜意识说："我想用这个练习消除我的头痛，使我能够轻松，集中精神学习。我需要你的帮助，可以吗？"若潜意识回应可以，谢谢它，然后做第五步。在一般的情况下，潜意识会不答应，这时，便需要做第四步的工作。

第四步：受导者的潜意识不回应或者回应不支持，可以引导受导者询问潜意识："这种头痛的背后是否有一个正面动机？"若它的回应是肯定的，询问它："你想用这种头痛提醒我些什么？"有四个可能出现的结果：

（1）潜意识仍然没有回应，看第六步。

（2）如果受导者不明白潜意识的回应，可以邀请潜意识给他更多的信息使他明白。

（3）如果受导者明白潜意识的回应并且同意，对潜意识说"谢谢"，并且答应潜意识会做一些事，这些事应该是针对潜意识的回应，给受导者更多符合三赢的成功、快乐，这个承诺里应包括清晰的时间和行为标准。

（4）若受导者明白潜意识的回应但不能同意，可以询问潜意识："这样能怎么帮到我，让我更好？"不断地用这个询问方式，直至找到一个符合受导者最佳利益同时三赢的答案。

第五步：对潜意识说过"谢谢"之后，集中精神双手重复做解决的手势多次，由快渐渐变慢，头脑里也只有这个画面。此时效果应该会出现。

第六步：如果潜意识仍然没有回应，可能的原因是——

（1）受导者未完全放松便已经展开，应重做状态调控。

（2）受导者过去极少与潜意识沟通，或者过去经常责骂潜意识，引导受导者对潜意识多说些肯定它的重要性、感谢它过去的照顾和答应以后多与它沟通、多欣赏它的辛劳等的话语。

（3）如果潜意识在坚持一个障碍性的身份，可以引导受导者说"无论怎样，我有资格，也有能力得到更多的成功、快乐"，然后进行第五步。

在这个技巧中，取得潜意识的支持是效果的保证。有了潜意识的支持，另外尚有一个简单的运用经验元素方法：

（1）在脑里用一幅景象代表那种头痛，景象中首先要有制造头痛的动作，例如铁锤打击，然后想象在铁锤下加枕头，一只、两只……，注意头痛是否开始减轻。

（2）改变景象的颜色，使之更柔和、舒服、平静。

（3）把景象投向银幕，把银幕的外围缩小。体会到不良感觉在持续减弱。若有需要，制造"双重抽离"，想象自己从空中望见自己坐在座位上，看着银幕。

（4）把景象继续缩小至一只气球般大小，想象它因为如氢气球般轻而慢慢升起、远离，直至它消失在空中。

只要明白个中道理，那就可以灵活运用这个技巧，使用在身体的其他轻微不适上，通常都会有效。

◆ 如何消除压力

压力已经是现代社会中对人类健康和生命构成威胁的最大杀手。因为长期处于严重压力下而产生的疾病几乎包括了所有严重疾病，现在医学界已经证实绝大部分的慢性疾病的起源与压力有很大的关系。美国人每年用在处理压力问题上的药物和健康营养食品的花费超过 200 亿美元。中国人在巨大的社会变革中所感受到的压力同样不可忽视。运用意识和潜意识的力量，我们可以很好地缓解和消除压力。

压力是什么

压力的简单解释是：当你认为处理事情所需的能力超越你拥有的能力，

你便感到有压力。

请注意"你认为"这三个字，很多人在压力之下完成了很多很多的事，这证明他们其实没有能力不够的问题。事实上，事情还没有开始或者完结，当事人是没有资格说他的能力不够的。所以，事情从来都没有给人压力，压力是一个主观的、没有足够支持的判断而引发的结果。压力总是人们强加给自己的。

不要以为负面的事情才给人压力，例如丧偶、事业失败等固然属压力指数最高的事情，移民、结婚、生孩子等所谓喜事给人的压力也是非常大的。所以，压力并不是负面事件的产物，凡是觉得重要而需要更多力量才能做得好的事，都会给我们压力。

从生理的角度看，一个处于压力下的人，身体会分泌大量的压力荷尔蒙，其中以肾上腺素和皮质醇最为重要。肾上腺素使身体处于一个"动员备战"的状态，使交感神经系统活跃，意识警觉，随时准备应付威胁的出现；皮质醇的作用是快速使体内的蛋白质分解，以补充作战所需的能量消耗。它们不是等待有威胁出现时才这样做，因为那就太迟了。每当一个人处在压力状况下，他的身体便会不断地产生大量压力荷尔蒙，使身体保持上述的状态。

长期产生大量的肾上腺素和皮质醇，对身体的伤害很大。三文鱼逆游回到其出生的河流产卵，需要极大的能量去逆流而游并不断跳跃，以克服河流的断层，就是体内产生大量的皮质醇去分解蛋白质制造能量。三文鱼产卵后数天内，其身体的皮肉便会腐烂而最终死亡，就是因为体内的大量皮质醇在无须大量能量的供应时仍在分解皮肉的蛋白质。肾上腺素维持心跳加速，感觉敏锐，长期的效应就是心脏过度负荷，造成心脏病和血管病，因而引起肾病和其他多种疾病，如神经衰弱、脾气暴躁、失眠等。在生存受到威胁时肾上腺素也会抑制很多变得不重要的身体功能，例如，消化系统功能、记忆功能、性功能等。长期生活在压力下的人都和上述的多种问题结缘，所引起的问题包括人际关系紧张、工作效率下降、学习能力退化、理解和解决问题的能力变弱等，这样又造成更大的压力，所以，长时间的压力可能导致恶性循环。

在人类的进化过程中，压力扮演着一个很重要的角色，它保证了人类"如何活下去"和"如何活得更好"两个最基本的生存目标。没有压力，人类不能进化到今天；但是过大的压力，又会使人类陷入这两个目标的相反方向。古代的人类，受到大自然和野兽的威胁，需要经常维持警觉性，而每当有老虎出现，肾上腺素和皮质醇在身体里产生的作用，使人类能够立即由极静变为极动，以最快的速度逃生。事实上，逃生消耗了储备的能量，倒也是缓解压力的一种有效方法，而今天的老虎绝大部分只是在人类的头脑里出现和存在，例如公司老板的两句话，报纸或电视里的一个消息，所产生的备战状态和储备了的能量没法消耗掉，因而产生的问题就会倍增。

如何消除压力

在日常生活中，有效消除压力的方法有下列几种：

（1）运动是最好的治标式消除压力办法，因为运动就等同于古代逃生的过程，能够消耗储备的能量，并且增加脑中前额叶的工作能力。前额叶的主要功能是负责解决问题、想出突破方法、策划未来。

（2）我非常鼓励有压力的人去唱卡拉OK，因为唱歌（完全投入的唱法）也能消耗不少的储备能量。唱歌时总会担心气息不足唱不完下一句，每有机会便尽量吸气，这样也会增加脑中前额叶的工作能力。完全投入的唱歌也能触发情绪的发泄。唱卡拉OK时饮一两杯葡萄酒能加快这些效果，但必须节制。

（3）一些内心的修炼也很有效，例如瑜伽、静坐等。

（4）正面的人生观对一个人提高处理压力的能力有很大帮助。经常带着一张纸，上面写满自己喜欢做的、使自己开心的小事情，每感到压力大时便看看这张纸，选一两项去做，是一个简单易行的方法。

（5）运用NLP的思维技巧，能够很容易把问题的盲点找出来并加以改变，例如"换框法""破框法""检定语言模式""12条前提假设"以及"理解层次"的提升层次等，都很有帮助。

以下的方法效果不理想：

（1）很多人习惯用找人诉说困扰的方式去消除压力，这样的方法效果不大，甚至有负面的效果，因为一个人若多次重复一套话语，便很容易在脑子里把它固化。那样的一套话语，代表他对事情无效的看法，固化之后便更难改变。另外，听你诉说的人往往会引导你想出更多的问题，因而增加了困扰。

（2）任性地购物、过度饮食、酗酒等，不但没有任何有益的效果，同时，还必然会制造出更多、更大的问题，使你更难重新起步。

（3）情绪上的发泄，只会使身边的人远离自己，也是只能带来问题的方法。

（4）寄情于睡眠，但睡醒仍需面对问题，所以这么做只能使身体得到错误的信息，以为睡觉可以躲避问题。如此，身体会越来越想睡，而睡醒后身体的活动能力更少。

从心理治疗的角度看，来访者的压力问题可以分成四类，NLP简快疗法的技巧属治本式的方法，十分有效：

（1）如果因为未来的一件事情意义重大（例如，移民、结婚等）而感到压力过大，用"逐步抽离法""建立未来成功景象"和"借力法"便会有很好的效果。若有需要，可加上"信念种入法"便已足够了。

（2）如果压力只出现于个别情况，可能只是由对本人能力的一些障碍性信念引起的，例如我没有念大学，怎么可以坐这个位置？技巧提示："建立未来成功景象""借力法""信念种入法""换框法""感知位置平衡法""逐步抽离法""反败为胜法"等。

（3）若压力重复出现在特别性质的环境里，例如：无论在什么公司上班都感到很大的压力，问题可能来自一些创伤经验，例如在第一份工作里得到很多否定而没有肯定。技巧提示："改变经验元素法""眼球快速转动脱敏法""重塑印记法""信念种入法""消除恐惧法"等。

（4）在所有的事情上都感到有很大的压力，辅导者需要这样看问题：认为自己能力不足够的主观判断必然有一些局限性的信念支持。这些信念往往涉及本人"身份"的一些问题。根源可能就是未曾充分成长、幼时父母的照顾不足而产生"中断向外联系"的问题、不接受父母等。技巧提示："重塑印记法""眼球快速转动脱敏法""信念种入法""感知位置平衡法"和一些运用"家庭系统排列"的概念而设计的处理方法。

减压法

这个技巧在降低生活（工作）压力、消除疲劳、改善睡眠质量、自我治疗等方面都有特殊的功效。它可以运用受导者的潜意识去帮助他自己的身体做得更好。在日常的繁忙生活中，精神疲倦，但没有时间休息，用15~20分钟时间做减压法便可以得到很好的效果。长期失眠的人，每天睡眠时做，并坚持5~10天便能改变情况。（最初几天未能产生满意的效果时，应检查过程中忽略了哪些指示，怎样可以做得更好而暂时不去想有效无效的问题。）

第一步：找一处没有干扰的地方，用舒服的姿势坐或躺下，闭上眼睛。做3~5次绵长的深呼吸，必须缓慢均衡。极为疲倦或有失眠问题者，可增至8次或以上。每次吸气都想象把新鲜的氧气带入身体，每次呼气都想象把身体内的不洁杂质推出身体。同时在呼气时注意后颈及肩膀的肌肉开始放松；每次呼气的时候，将放松的感觉扩大，并且下降至身体的其他地方。最好是等待全身都因此而放松了，才做第二步。

第二步：把意识集中在体内感觉所在的一点，这就是"内心"或"潜意识"，对第一次接触这些学问的受导者，可引导他把一只手按在胸前，认定胸口被按的感觉就是潜意识，然后全神贯注地对它在心里说以下的话：

感谢你为我辛苦工作了这么久，我们现在开始休息了（休息几分钟甚至几小时，由受导者的情况而定）。在这几分钟/小时里，身体的每一个细胞都会完全放松、休息、调整、重新充满力量。几分钟/小时后（或起床时间）睁开眼睛时，我会充满活力、智慧（加上你所想增加的某些能力，例如幽默感、沉稳、冷静、勇气、自信、冲劲，或者更集中注意力，学得更多、更快，等等）去展开一天的工作，继续我的学习，迎接新的欢乐和挑战。（注意：这部分必须把时间说清楚，例如20分钟后，或者明天早上7点等。）

第三步：开始在心中按以下步骤做想象工作。

（1）想象三样物品或三幅景象。可以是闭眼前身边的物品，也可以是任何过去见过的东西。凭想象把一样物品看清楚了，再想下一样。接着把注意力放在现场有的三种声音上。若没有或者不够三种，可以回忆过去听过的任何声音，包括人声、音乐、自然之声或杂声。接着把注意力放在身体上任意三处的感觉上。

（2）重复上面的内视觉、内听觉、内感觉步骤，但每种只做两次。

（3）重复上面的内视觉、内听觉、内感觉步骤，但每种只做一次。

到此，大部分人已经进入全面休息的状态，若还没有进入状态，可重复第三步，直到进入状态为止。

需要说明的是，初练时心中多杂念，无须急躁，在哪个部分乱了，便从哪个部分重新开始便可。第三步的（2）和（3）的内视觉、内听觉和内感觉步骤的内容可以与（1）的一样，也可以不同，重要的是保持自然放松的状态。只要投入练习，用不了多少次，你便发觉用减压法休息，睁开眼时便恰好是预定的时间，比闹钟还准。

拓展视野

四种脑电波状态

Beta（贝塔）状态：12~16Hz——警觉、紧张，一般的工作状态。
Alpha（阿尔法）：8~12Hz——松弛、脱离压力状态，具有高效学习的能力。
Theta（西塔）状态：4~8Hz——对身体状态减少感觉，甚至没有感觉；景象在脑中呈现，身体像飘浮在空中。这个状态最适宜做自我调整、自我治疗等个人提升工作。
Delta（德尔塔）状态：0.5~4Hz——睡眠状态。对身体各部分没有感觉，没有意识思维活动。（在医学上若脑电波低于0.5Hz，则将被判定为脑死亡。）

儿童学习的苦与乐

从脑神经科学的角度看儿童成长过程中学习能力的培养，我们知道：

1．学习是随时随地进行的，而不是只在课堂里才做的工作。

2．少变化、少尝试、少活动的孩子的能力也会少，因为脑中可供选择的网络少。

3．用恐惧、羞愧、犯罪感推动的孩子活动会少，会对学习没有兴趣，因为进化过程中这些情绪会引导我们逃避。

当一个人感到快乐时，体内释放出的脑神经递质包括一种称为"内啡肽"的物质。内啡肽除了给我们轻松、舒适的美好感觉外，同时还使我们渴望重复这种感觉，因而会推动我们去重复能导致内啡肽再释出的行为。所以，在痛苦（恐惧）和快乐之间，痛苦有即时的推动力，而快乐的推动力则更长效，因为人总是在不断地追求快乐。所以，使孩子更喜欢学习的秘诀是增加乐趣。

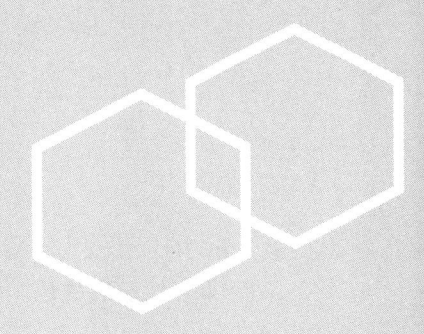

第六章
内感官与经验元素

判定一个人的内感官类型在人际沟通方面有着重要的意义。正确运用内感官的知识去改善与别人的沟通，应该不坚持对方是什么内感官的类型，而只凭当时对方的眼球转动、说话用字及行为表现等数据而假定当时对方运用得比较多的是哪种内感官，然后凭此做出相应的配合行动。

五彩缤纷的颜色、抑扬顿挫的声音、冷热温凉的触感、酸甜苦辣的味觉……大千世界的一切，都通过五种感觉器官——视觉、听觉、嗅觉、味觉和触觉传达到我们的大脑中，所有的人生经验便由此而产生。我们通过外感官来认知并感觉这个世界，相应的内感官继续认知、感觉并储存了所有的经验元素。认识并掌握有关内感官的知识和技巧，对我们人生的很多方面都会有帮助。比如，知道别人与自己在沟通上的不顺畅，往往只是因为双方惯用的思考模式（内感官）不一样，知道这一点就能够给对方多点空间，减少冲突。与人交流时，凭观察而知道对方当时使用的内感官，便可加以适当的配合而使沟通更畅顺，效果更好。认识了自己惯用的思考模式，便可积极发展过去较少用的内感官，而使自己的思考能力和人际关系迅速提高。改变内视觉、内听觉、内感觉的经验元素，就能很快改变自己对人、对事的态度，减轻压力，增加推动力，把人生导向健康、积极的状态。

❖ 内感官

什么是内感官

　　从外界经五种外感官接收到的信息，传入脑后，我们储存及运用这些信息需要内感官的参与。外感官有五种，而内感官则只有三种：

外感官		内感官
视觉	→	内视觉
听觉	→	内听觉
味觉		
嗅觉	→	内感觉（亦包括本体感觉、空间感觉、情绪感受等）
触觉		

内感官能使我们把对世界的认知，系统地储存和提用（回忆），因而能够运用。而运用的目的便是使我们更有效率地处理每时每刻的生活。当你见到一个人的时候，你看到他的外貌、听到他的声音并感觉到他的手的温度、握手方式和握手力度。这些数据储存在大脑里，每次碰到类似这个人的外貌或者声音的人，你的大脑都会把这个人的资料提出来，供你判断面前的人是否就是那个人。你的大脑也许会提取几个类似的人的数据让你做出最正确的选择。

从出生的第一天起，我们所接触的事物，每一分钟的人生经验，其中新的数据（第一次接触）都被储存在大脑里。储存和提用这些数据都靠内视觉、内听觉和内感觉。就是说，任何能够被记忆的数据，都必须用上内感官，同时，任何能够被储存和提用的数据，必附有一种感觉。没有这种感觉的事情不能在记忆里久留。

因此，你对这个世界的认知，便是凭内视觉、内听觉和内感觉而存在的。所有的思考，都必须有内感官的参与，虽然未必是三种内感官的全面参与。

内感官在学术上称为"感元"，英文是"internal representational systems"。每个内感官的经验元素称为"次感元"，英文是"sub-modalities"。

❖ 判定内感官类型的方法

在成长的过程中，每个人都不自觉地选择运用一种或者两种内感官。多用景象做思考的人属于视觉型；多用声音、语言做思考的人属于听觉型；多用感受做思考的人属感觉型。惯用某一种内感官的人，他的眼球转动会有特定方向，他的遣词用字中会显现出相同性质的语言文字，他的行为模式也会有相同性质的特征。因此，三种不同内感官类型的人，也会有三种不同类型的语言和行为模式。

观察眼球转动而测知惯用的内感官

每当我们思考的时候，都需要运用我们的内感官。NLP 发展出一套技巧，凭观察一个人的眼球转动便能知道此人在思考时用哪个内感官。这是因为我们的内感官神经在脑里的脑干部分（brain stem）的网状组织（reticular formation）汇聚，而牵动眼球的神经也与此处有联系。当某个内感官启动时，有关的眼球牵动神经也会受到影响。一般我们会注意眼球转动的六个位置：右上、左上、右中、左中、右下和左下，每个位置都有不同的意义。

以下介绍的是习惯用右手做事的人的眼球转动模式。大概 95% 的人习惯用右手做事。用左手的人会有刚好相反的模式（左右对调），这包括了小时候有用左手倾向，但被家长训练多用右手，至今已惯用右手的人。

首先，我们以自己为例来研究眼球转动所表现出来的思考模式。

（1）内视觉的眼球转动模式在上面（往上望）。当眼睛往左上方望时你是在回忆过去的景象经验，你在脑里看见景象，就像在档案里找回一幅旧照片，称为"视回"（Vr =Visual remember）。望向右上，则是创作新的景象经验，就像绘制一幅新的图画，称为"视创"（Vc =Visual create）。双眼定定地往前望，称为凝视，也属内视觉。

（2）内听觉占有三个位置：左中、右中及左下。左中是回忆过去的声音和话语，例如回想昨天听到的一首歌，称为"听回"（Ar =Auditory remember）。右中是创造新的声音，例如想象用你母亲的声音读出一句话，称为"听创"（Ac =Auditory create）。左下是自言自语，很多人在独自思考时都会用这种内感官，尤其是当心中烦闷的时候，称为"听自"（Ad =Auditory dialogue）。重复别人说过的话也需用这个内感官。

（3）内感觉是右下，每当搜索心里的味、嗅、触觉经验，本体感觉和情绪感觉时都会启动这个内感官，称为"感"（K = Kinesthetic）。

现在，你可以试试想一些往事或者未来的事，测试一下你在思考时，眼球是否如上述般转动。如果你面对着镜子，你看到的眼球转动模式便如图6-1一般，也就是一个面对着你的人所表现出来的模式。（六个方向会与前述的刚好左右相反）

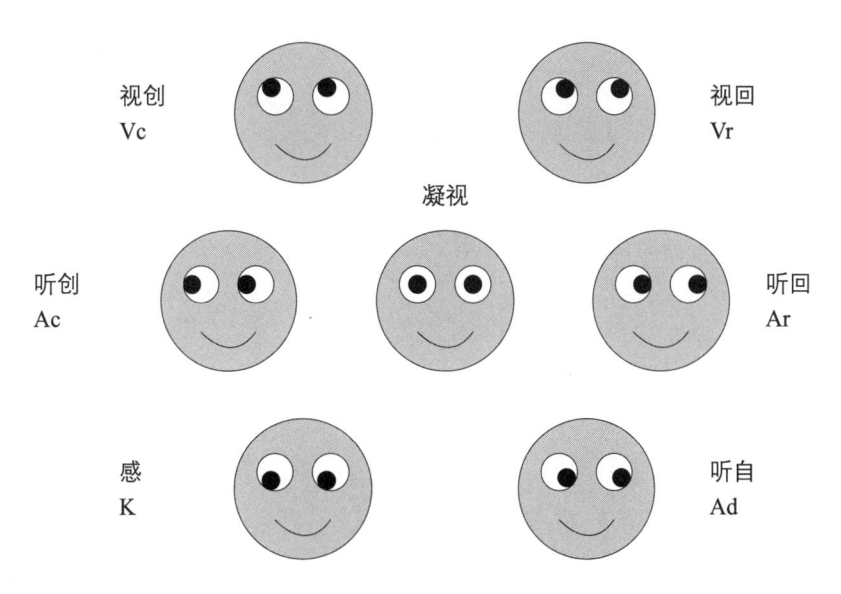

图 6-1 用右手的人的眼球转动模式

观察别人时，有以下一些技巧和判断：

（1）无论是关于什么问题的思考，眼球每次都先去"视创"位置者，此人会倾向于"往前望"的人生观，往往难以在过去的经验中汲取教训，容易重复错误。

（2）眼球都先去"视回"位置者，此人会倾向于"活在过去"的人生观：念旧、留恋往事。他往往对未来的人生不敢有太大的期望，难以有决断的策划行动。

（3）眼球先去"听创"或"听回"的人，同样可能有以上的倾向。听觉型的人用文字处理意念，并且讲求详尽，往往行事缓慢，大道理连篇。

（4）眼球先去"听自"方向的人，容易自寻烦恼，尤其是经常"听自"和"感"交替或合并（眼望下面正中），容易自陷愁城，不能自拔。

（5）眼球先去"感"方向的人，容易反应过敏，情绪易受伤害或者经常从日常事情中产生情绪。

（6）过分偏重某个内感官者，因为未能充分利用全部思考能力，易陷于困境之中。

（7）没有或者极少去"感"的方向的人，可能本人少与内心感觉接触，因此不善处理本人及别人的情绪。

（8）三种内感官的各个方位都灵活运用的人，有能力维护良好的人际关系，学习也可以快速有效。但他的信念、价值观和规条同样会决定能力是否被运用。

有些时候我们看到一个人的眼球转动不止一个方向。一般来说，第一个方向是开启数据库的内感官，是对方最惯用的内感官。最后一个方向，是储存与该事情相关数据的内感官。

一个人的眼睛望向上面正中，是同时启动"视创"及"视回"。望向下面正中，是同时启动"听自"及"感"。

从所用文字而测知惯用的内感官

除了观察眼球转动之外,我们还可以凭注意对方所用的文字而测知对方惯用的内感官。视觉型的人说话或者写的文字,会多用与视觉有关的字,听觉型和感觉型的人也会多用同类型的字。一个内视觉强而内听觉弱的人,会很容易找到视觉型文字辅助他的话语,而不大容易说一两句含有听觉型文字的话。其他类型的人也如此类推。注意对方用字的能力,当然以听觉型的人最强了。

一个视觉型的人会容易在语言里出现以下的句子:

"你怎样看这件事?"

"怎样了,你看得透吗?"

"前途光明,但并不平坦。"

"这个会搞得五彩缤纷,目不暇接呢!"

"她明艳秀丽。"

一个听觉型的人会这样说:

"让我们谈谈这件事,怎么样?"

"事情的细节你都研究过了吧?"

"前面还会有很多反对的声音呢!"

"到会的人都铿锵敢言,发言内容也都是掷地有声的真道理啊!"

"她说话婉转悦耳。"

一个感觉型的人会这样说:

"这件事有把握吗?"

"对事情的安排,你感到安心吗?"

"前面充满艰辛和挑战。"

"主办的人用心用力,来宾都感到称心满意!"

"她细心温柔。"

有些话语也会跨越一个以上的内感官：

"事情的资料仍然不足（听觉），但是我们无须担心（感觉），因为我仍然能看到前面的曙光（视觉）。"

"会议中有很多人发言，意见不一（听觉），但是主办人没有眼光和远见（视觉），使很多人失望，甚至带着怒气离开（感觉）。"

"她的呢喃细语（听觉）使我心旌摇荡（感觉），一点也看不到里面的陷阱（视觉）。"

我们很容易发现，吸引人的文章里面充满三种类型的文字。反之，枯燥无味的文章除了内容贫乏之外，往往也会是因为作者少用内感官类型的文字，或者过分偏于使用某一种类型的文字。你可以尝试把一个故事讲两次。第一次只强调内容和意义，刻意避免运用视、听、感的文字，然后再说一次，这次刻意添加三种类型的文字，讲完后问问听者的感受。你会发现第二次的讲述对听者吸引力更大。对于需要经常对别人说话的人士，例如，销售工作者、演讲者和培训人员，这点对提升话语的吸引力会有帮助。

从行为模式而测知惯用的内感官

除眼球转动及类型用字之外，惯用某一种内感官的人会在行为模式上有一些固定的特征。

1．视觉型。

惯用内视觉的人处理事情的习惯是先用双眼去看，而眼睛的学习和处理能力最快，可以在同一时间里接收到多项信息。日子久了，他发挥视觉能力熟练了，行为模式便会有以下特征：

（1）头多向上昂、行动快捷、手的动作多而且大部分在胸部以上。

（2）喜欢颜色鲜明、线条活泼、外形美丽的人和事物。

（3）能够在同一时间中兼顾数项事物，并且引以为荣。

（4）喜欢事物多变化、多线条美、节奏快。

（5）要求环境清洁，摆设整齐。

（6）坐不安定，多小动作。

（7）衣着整齐，颜色配搭很好。

（8）说话简短轻快、声调平板，对冗长的谈话不耐烦。

（9）多针对速度、时间、乐趣程度进行抱怨。

（10）说话一开始便入题，两三句便说完。

（11）说话声音大、响亮、快速。

（12）在乎事情的重点，不在乎细节。

（13）呼吸较快而浅，用胸的上半部呼吸。

2．听觉型。

惯用内听觉的人，因为他处理事情都先用双耳接收和运用文字思考，日子久了，他发挥听觉能力熟练了，他的行为模式便会有以下特征：

（1）说话内容详尽，还会有重复的情况出现。

（2）在乎事情的细节。

（3）说话多，而且往往不能停口。

（4）重视环境的宁静或音乐的质量，难以忍受噪音。

（5）对用字很注重，不能忍受错别字。注重文字优美、发音正确等。

（6）行为表现有节奏感。

（7）事情注重程序、步骤、按部就班。

（8）说话常用描述性词汇或象声词，例如："舒舒服服地喝汤。"

（9）说话常用连接词，例如："为什么会这样呢？那是因为……"

（10）说话声音悦耳，有高低快慢，往往善于歌唱。

（11）喜欢找聆听者，本人也是良好的聆听者。

（12）头常侧倾，常出现的手势是手按嘴或托腮，手或脚常打拍子，走路时不疾不徐，表现出节奏或规律。

（13）呼吸平稳。

3．**感觉型**。

惯用内感觉的人，因为他处理事情都是受内心感受的指引，日子久了，他发挥感觉的能力熟练了，他的行为模式会有以下特征：

（1）注重自己内心的情绪感受，在乎与别人的关系但常常不善于处理。

（2）喜欢得到别人的关怀，注重感受、情绪、心境。

（3）不在乎好看或好听，而是重视意义和感觉。

（4）头常向下作思考状，行动稳重，手势少而缓慢，多在胸部以下。

（5）坐着时比较静默、少动作、头多倾下。

（6）说话低沉而慢，使人有深思熟虑的感觉，多用带有价值观的文字。

（7）不善多言，可长时间静坐。

（8）说话多提及感受、经验。

（9）往往一次不能说完一个完整的句子，而要分两三次才能说完。

（10）多针对别人对他的态度和自己的内心感受进行批评。

（11）用胸的下半部及腹部呼吸。

（12）在乎身体接触。

（13）呼吸慢而深。

❖ 三种内感官的强弱倾向

三种内感官分别以不同的强弱程度，造成一个人的思考和行为模式特点：

（1）内视觉强而内听觉弱的人，因为习惯快速处事，所以在成长过程中培养出的行为处事模式是性急没耐心、不听别人讲话或者听的时候不专心、自以为是、不注重细节、容易出错。

（2）内听觉强而内视觉弱的人，容易在事情未看清楚前便做出判断，往往急于对事情下结论而罔顾一些显而易见的现象。

（3）内视觉强而内感觉弱的人，容易只强调行动快捷而忽略了别人的感受。他甚至会压抑自己的感受去促使事情继续进行。

（4）内听觉强而内感觉弱的人，容易强调理据规条而忽略了别人的感受。他会振振有词地去为自己或事情辩护而不顾众人之间的感情和关系。

（5）内感觉强而内视觉弱的人容易冲动，往往因为事情引起情绪，而忽视一些明显的因素。这类人多会与自己的感觉紧密拥抱，而看不到别人已经表现出的不满。

（6）内感觉强而内视觉弱的人容易陷入愁绪之中而不能把事情理出一个头绪来。若内感觉强而内听觉之中的"自言自语"部分亦强，则容易陷入一个下旋涡式的自陷困境：在内心给自己编出一些引起负面情绪的话语，而这些负面情绪又引导自己注意更多负面因素去制造更多这样的话语。这类人容易发展出忧郁的性格。

（7）内视觉和内听觉都强而内感觉弱的人，往往做事勤快而且有条理，但是容易忽略别人的感受，自己往往也容易因挫折而沮丧，会感到难以维持对自己的推动力。

（8）三种内感官平均发展的人，人缘会很好，容易被群体接受。三种内感官都强的人，因为大脑里的神经元网络平均发展，会容易学习。如果同时没有自限性的错误信念，便容易培养出各种能力来，做什么事都容易成功，思考能力也会增强，因而自信心会提升，人也会比较乐观积极。

因为三种内感官之中没有好坏之分，所以惯用某一个内感官的人不会一定优胜于其他人。

视觉型的人会与其他视觉型的人容易相处和配合，听觉型和感觉型的人也会容易与同型的人相处和配合。三种内感官能够平均运用的人，因为能够有效地与三种惯用内感官类型的人配合，所以人际关系特别好。只要他们愿意，他们在很多不同的人群中都容易被接受。

所以，三种内感官充分地发展，是内感官能力最好的境界，是一个人提升能力的方向。事实上，三种内感官充分发展的人，思考更全面，解决问题、理解事情的能力都会比较强。但这种能力也可能被这个人的信念系统（信念、价值观、规条）限制而不能充分运用。

中国人普遍惯用内视觉，在我的经验里，视觉型的占70%。相比之下，西方国家，尤其是欧洲，视觉型的人一般只占约40%，不过稍高于听觉型（30%）和感觉型（30%）。这个现象，我认为是基于以下的原因：

其一，中国的文字是视觉型的（象形文字），而欧美的文字则是听觉型的（字母拼音），因此中国人在成长过程中，因为学习的需要而惯用内视觉。

其二，中国人普遍自信心不足（请看"自我价值"一章），自信心不足的人倾向于心急，总想做得更多。心急使一个人紧张，使身体处于压力状态，在这个状态之下的人运用内视觉比其他两个内感官更多，因为内视觉的神经元网络最大，能够处理数据的数量最多。

❖ 判定内感官类型的意义

NLP认为人的能力非常大，而一个人的状态是无时无刻不在变化的。所以，NLP很不喜欢把人定型——见一次面就判断一个人属什么类型，同时认定他永远都会是那样。任何人的某次表现并不能保证他每次都有同样的表现。因此，当我们通过观察眼球转动或者其他方法察知一个人惯用某种内感官后，我们不应认定这个人就永远属于某个类型，就是不要把一个人定型。你试过一次与某人沟通，发现他眼睛多往上望，便判断他是视觉型，以后不管什么时间、地点和情况，都把他当作视觉型对待是不明智的。因为每个人的三种内感官都健全，在不同环境里会有不同的内感官进行主导。例如，某同事刚度假回来，兴高采烈地与其他同事分享度假地的种种好处，他那时多数会是视觉型。因为声音太大了，被上司责怪了一顿，这时他多数变成感觉型。又例如，一个惯用内视觉的人回到家中，抱起出世不到一个月的儿子，往往完全变为感觉型了。当他与太太吵架之后内心充满不忿的话语，他又可能变为听觉型了。由此可见，我们必须避免把一个人定型。

一个人惯用某种内感官，并非代表他其他的内感官不足或者有问题，只可以说他手中经常拿着那个惯用内感官的遥控器，而其他内感官的遥控器不在身边，但是运作是正常的。很多人都有不止一种惯用的内感官，而是两种内感官平均使用，更有人是三种内感官都平均运用。所以，不应假定一个人只有（或只应有）一种惯用内感官。

判定一个人的内感官类型在人际沟通方面有着重要的意义。一个人实时的内感官状态，的确可以凭他的眼球转动、遣词用字、语音语调和身体语言、行为模式等测知。在两人相处时，我们可以运用不断获得的数据去与这个人沟通和相处，若他的内感官状态改变了，我们当然也可以改变我们的配合方式。

正确运用内感官的知识去改善与别人的沟通，应该不坚持对方是什么内感官的类型，而只凭当时对方的眼球转动、说话用字及行为表现等数据而假定当时对方运用得比较多的是哪种内感官，然后凭此而做出相应的配合行动。NLP始创人之一约翰·葛瑞德说过，"就算这样，所得资料的准确性只能保持30秒！我们必须不断地观察，而且不断地凭观察所得而修正自己的配合行为。""上次与他在一起时他是这样的"数据，只可以作为参考，并且需随时因为与现在所观察的不符而抛掉。NLP相信没有两个人是一样的，也没有一个人在两分钟内是一样的。持着这样的态度去观察和尝试配合，加上不断地修正，这才是谋求有效沟通的正确态度。

在特定的重复环境中，假如没有重大的改变，一个人会倾向于重复惯用的内感官。例如，在工作环境中的上司、同事与下属，在日常生活里的家人等。观察他们惯用哪些内感官，然后调节自己的说话和行为模式，沟通和关系会很容易改善。以下便是一些配合的启示。

与惯用内视觉的人配合

这样的人是"凭着眼睛做人"的，即一切都以眼见为先。当我们想一下什么最能照顾到他们眼睛的需要，便不难设计出一些与之配合的语言和行为了：

（1）他较难长时间集中注意力，所以说话应扼要、简短、保持轻快节奏。

（2）多用手势配合所说的话，尤其是用手势全面地说明事情。

（3）线条生动、变化多端的事物较易吸引他。

（4）多用图画、图表、相片、样本。动态的比静态的东西更能吸引他。

（5）多用颜色，色彩鲜明的东西更能吸引他。

（6）多用事例去鼓励他想象情景。

（7）注意布置及装饰对象的整齐摆放。

（8）给他指示或解释时，多做示范，少说道理。

（9）少用文字，避免冗长文章。

（10）多用视觉型词语。

（11）美丽的人、事、物会吸引他的注意力。

（12）送花、送卡会使他开心。

（13）讨论事情时，问他："你有什么看法？""能看清楚吗？""看看还有什么遗漏的？"

与惯用内听觉的人配合

惯用内听觉的人，即事事都会以耳朵先行，并且脑里经常有文字语言。凭此我们也可以设计出一些配合的语言和行为：

（1）多与他倾谈，当他说话时，点头表现出你是在用心聆听。

（2）用有变化的语气、语调和语速表达出你的意思。

（3）保持环境的宁静，或配上柔和的音乐。

（4）说话和讨论事情，要一步一步地说明白，并且把其中的先后次序排列清楚。

（5）把规则、做法写清楚、齐全。复杂的内容分点写出。

（6）请他重复一次你说过的指示，也经常重复他说过的话。

（7）多写信、写字条给他，或者用电话、传真来保持联络。

（8）多引用规则、指示及权威人士说过的话。

（9）讨论后补上一封信或会议记录。

（10）用押韵的口号、顺口的词语。

（11）声调优美、说话得体的人最能吸引他的注意力。

（12）书信里、语言里的优美文字会使他开心。

（13）讨论事情时，问他："规定是怎样说的？""还有什么可以补充的？""想想还有什么可以谈的？"

与惯用内感觉的人配合

惯用内感觉的人凭内心感觉去处理世界上的事，所以需要优先考虑照顾他们的感觉，我们可以凭此设计出一些配合的语言和行为：

（1）尽量多安排与他见面倾谈，并且尽量多地用悠闲的态度对他。

（2）多询问他的感受，因为他渴望被了解、被接受。

（3）多提及过去的经验及心得。

（4）他不在乎看起来或听起来怎样，而在乎事情给他的感觉。

（5）他注重荣誉、名声、安全、有把握、踏实、持久力量。

（6）多谈人生经验及感受。

（7）强调对人的注重及关怀，强调人的价值。

（8）让他接触实例及与有关的人直接接触。

（9）他喜欢用手接触事物，喜欢亲手做的感觉。

（10）说话的语调应较为缓慢、低沉。

（11）高雅和有气质的人最能吸引他的注意力。

（12）如何会使他开心：熟悉的人——身体接触，例如拥抱、吻脸、牵手等；不熟悉的人——送意想不到的小礼物，尤其是物轻意重、难得的礼物。

（13）讨论事情时，问他："你觉得怎么样？""感觉会顺利吗？""还有什么担心的地方吗？"

◆ 内感官能力提升方法

通过有针对性的训练，一个人的内感官能力可以得到提升，三种内感官能力的各自比例也可以不断地修正。打个比方，一个人此时的内感官能力是 100，比例是内视觉 80，内听觉 5，内感觉 15。经过训练，他可以在一两年内把全部内感官能力提升到 10000，比例则修正为内视觉 5000，内听觉 2000 和内感觉 3000。三种内感官能力加强了，这个人的思考能力、感受能力、策划能力和自我推动能力也会大大地提升。认识了内感官的原理，知道了自己惯用哪种内感官并且有意地去提升内感官的能力，潜意识也会向着这个方向搜寻。再加上刻意的练习，内感官能力会提升得很快。

提升内感官的方法很简单，在日常生活中就有很多练习的机会。

提升内视觉的方法

（1）在周围环境里找一些可以计数的东西，例如台阶、天花板上吊灯的珠子、百叶窗的条子等，用眼去计算。在上课时用眼去数座位上的人数。

（2）坐公交车时，先有意识地看看眼前的景象，然后闭上眼睛，在脑里把景象里的事物逐一呈现，每有困难便睁开眼睛看一眼，再闭眼在脑里描绘出来。

（3）每有休息的时间便用内视觉想象某些人或物的模样，细节越多越好。

提升内听觉的方法

（1）在任何地方，每有机会便注意环境里的声音，逐一分辨那是什么声音。

（2）说话时，有意识地注意本人的声调。

（3）听别人说话时，有意识地从说话者的声调中感觉他内心的情绪状态。

提升内感觉的方法

（1）每有机会便注意本人内心的情绪感受状态，并且在心里用文字进行描述。

（2）注意本人身体的本体感觉。开始尝试这个练习时，可以一处一处地与身体各处的感觉联系起来（例如首先注意鼻尖的感觉，然后左边膝盖的感觉，然后右手拇指的感觉……）。

（3）与众人同处的时候，注意你的身体对每一个在你身旁的人的感觉及反应。

❖ 经验元素

什么是经验元素

我们脑里储存数据（记忆）的单元是神经元（神经细胞）。在1000亿的神经元之中，超过一半是用于这方面，其余的则是组成处理和运用这些数据的程序软件。神经元储存数据的方法，直到最近才被科学家所了解：虽然我们见到或者想到一个人时，脑子中会涌出一张面孔或一个声音，其实这只不过是很多细小资料的合成结果，而这些细小资料，并非像拼图游戏中的每一小块拼成一整张面孔，而是一些更基本的构成元素。

脑的记忆潜力是无穷的，因为每个神经元都可以反复使用，参与多项记忆的储存。其秘诀就是把记忆的景象、声音或者内感觉的种种数据，拆成细小至不可再细小的基本构成元素。例如，视觉上的光亮度、直线或曲线、颜色等，听觉上的声源方向、距离、清晰度、高低调等，感觉上的感觉范围、强度、温度、压力等。各个神经元所能接受的感应会有细微的差别，同时神经元之间亦可协调工作。

为了更好地理解上面的道理，你可以想象十万人坐在一个超大型运动场内的座位上，每人手中都拿着一张一面是红、一面是白的板子。一个总指挥在草地上进行控制，每要排出不同画面或文字信息，十万人之中需要参与的人便把手中的板子翻过来。这样的方式，可以排出的画面或文字是无限的。

与之相比，假若十万人手中所拿的，是已经固定下来的某些画面所切割出来的小部分，这十万人所能排列出的变化便少得多了。

负责记忆的神经元所组成的储存数据，经由三个内感官而让我们能够意识到。因为所有经验的储存记忆都是由这些资料所组合而成，这些资料便称为"经验元素"了。学术上视觉、听觉和感觉等的统称是"感元"（modality），这些经验元素是构成感元的单位，因此被称为"次感元"（sub-modalities）。

把三种内感官的运作做深入的分析，我们会察觉到每种内感官都有各自的构成特质，即每一种内感官都有其独特的经验元素。

内视觉的经验元素包括：光亮度、大小（形状）、颜色、距离、清晰度、位置、对比、速度、动或静、全画面或有框架（如电视机）、闪动或连续、光的角度等。

内听觉的经验元素包括：来源方向、距离、速度、音量、声调、清晰度、位置、节拍、对比、持续或间断等。

内感觉的经验元素包括：压力、位置、范围、强度、温度、频率、期间、形状、重量等。

脑里所储存的所有记忆，都是由经验元素构成的。而每一个能够储留的经验记忆都必然有情绪感受紧随。这是所有动物都有的基本能力：避开威胁，因而增加生存的机会；找寻乐趣，因而改善生存的条件。而在所有的动物里面，只有人类有一个能力：我们能够改变组成经验记忆的经验元素，使情绪感受的强弱程度可以改变，而那次经验记忆的意识认知数据则没有根本改变。

以下是一个简单的实验去证明这个现象，做的过程中，注意你内心情绪感受的改变。第一部分：试回忆一个给你印象不大好的人，想象他正站在你的前面。现在，你慢慢把这个人往你的方向拉近，到你面前不到 0.33 米的地方才停下来。然后把他推远，直到他距离你 33 米那么远。第二部分：想象一个你很喜欢的人正站在前面。跟刚才的一样，先把他拉近至你面前 0.33 米，再把他推远到 33 米那里。

你会发现，在印象不好的人接近你的时候，你会感到难受，推远则变得轻松。而你喜欢的人，接近时开心，推远则不舒服。这说明：在改变视觉经验元素里的距离时，一份负面的感受越远越好、越近则越坏；而一份正面的感觉会越近越好、越远则越坏。总结的规律就是：改变视觉经验元素里的距离时，越近越强烈、越远则越淡漠。我们需要根据经验给人的感受是好还是坏来决定应否把它推远或拉近。距离远近只不过是内视觉众多经验元素中的一个，三种内感官各有很多不同的经验元素。

所有的经验元素，都可以由本人随意改变；而所有经验记忆带来的情绪感受，都因此可以凭改变经验元素而改善。改变有两个方向，一个方向是使该经验带来的情绪效应加强，另一个方向则是使之减弱。NLP 简快心理疗法大量运用这个脑的运作原理去达到快速有效的治疗效果。事情发生了，我们不能改变，但事情带给我们的情绪反应，则可以凭改变构成记忆的经验元素而改变它。这样，好的情绪效应，例如热情、兴奋、轻松、自信、积极、平静、幽默等，我们可以把它们加强，并且结合其他的技巧（例如"经验掣"）使这些情绪效应随传随到；不好的情绪效应，例如沮丧、哀愁、焦虑、愤怒、担心、内疚、忧郁等，我们可以把它们降低，甚至消除。这样我们可以充分发挥本身的能力，去处理自己的问题，面对人生的挑战。

三种内感官的经验元素

每种内感官都有其不同的经验元素，即使用词一样（例如在内视觉和内听觉都有"清晰度"），实际的内容也不一样。在一种内感官的领域里，我们也可以转用另一种内感官的经验元素，例如内感觉的经验元素很容易便可以转用内视觉和内听觉的经验元素。以下是一般常用的经验元素：

内视觉：

经验元素	增强方向	弱化方向
亮度	亮	暗
大小形状	大	小
色彩影调	彩色	黑白
颜色艳丽	鲜艳	暗淡
距离	近	远
清晰度	清晰	模糊
位置上下	上	下
位置左右**	右	左
对比	强烈	浅淡
动静状态	动	静
画面	全景	细部
速度	快速	缓慢
过程	连续	跳动
实感	立体	平面
介入	投入	抽离

内听觉：

经验元素	增强方向	弱化方向
音高	高亢	低沉
音强	大声	小声
音质	实	松

距离	近	远
清晰度	清晰	模糊
上下方向	上	下
左右方向 **	右	左
来源方向	多方向	单一方向
节奏	轻快	缓慢
对比	强	弱
速度	快	慢
过程	断断续续	连绵不断
来源	内心	外界

内感觉：

经验元素	增强方向	弱化方向
强度	强	弱
范围	大	小
压力	重/大	轻/小
温度	热	冷
重量	重	轻
体内位置	下	上
体内位置 **	右	左
体内位置	前	后
稳定性	牢固	松动
频率	快	慢
频率	震动	静止

（转用内视/听觉之经验元素）

外表	粗糙	平滑
形状	（自由探索）	
颜色	（自由探索）	
声音	（自由探索）	
内部结构	（自由探索）	

** 以右利手者为例。若是用左利手，则刚好相反。

重要经验元素

每个人运用三种内感官的轻重比例都有不同，因而有视觉型、听觉型与感觉型之分。也有些人平均运用两种甚至三种内感官。视觉型的人，思想和回忆时脑里尽是景象，而每一个视觉型的人，都会有一些经验元素比其他的更能影响他的情绪感受，这些经验元素被称为重要经验元素。改变一个人经验、回忆里的重要经验元素，更能使情绪感受迅速变化。每个视觉型的人的重要经验元素都不一样，可能 A 君的重要经验元素是远近距离和明暗色彩，B 君的是色彩和动静状态，而 C 君的则是清晰度和画面。

帮助一个人认识本人的重要经验元素，可以做以下练习：

（1）先找出最常用的内感官。回想一件使自己不愉快的往事（一般事情便可，不要找一些重大创伤之类的往事），把自己带到对那件事的回忆中。

（2）按上面的经验元素列表逐一尝试把经验元素改变，测试哪些经验元素的改变会带来最大的情绪感受的改变，它们就是这个人的重要经验元素。

（3）若习惯于平均运用两种或者三种内感官，尝试测试每一种内感官的经验元素，找出三种内感官的重要经验元素。

❖ 如何改变经验元素

传统上，往往都是教人把引起困扰的往事遗忘。我们不能有意识地把事情忘掉，若能，也只不过是要忙于处理其他事而没有时间去想它，但是往事带来的情绪困扰仍然存在。当一些人经历严重创伤之后，事情在意识层面上似乎已经被忘掉，但事实上它是被压制在潜意识层面，这个状况，已经算得上是心理健康了。

事实上，大脑能忘掉往事不是一件好事。因为如果不好的往事可以忘记，好的往事也会忘记，我们的人生会少了很多美好的东西，也会因为怕忘记了某些不想忘记的事而常常生活在担心和不安之中。所有发生过的事都有其价值和意义，再不幸的事，当事人都能从中有所收获，因而成长得更好。

事情记忆和那份情绪困扰不是不能分割的。NLP简快心理疗法的技巧能够使事情记忆保留不变，负面情绪消除，同时事情里的意义和价值完全吸收，帮助以后的人生成长。人生成长的过程，的确是可以在更少或者没有痛苦的情况之下进行的。下面介绍的"改变经验元素法"就是一个有效的技巧。

标准模式1：改变内视觉经验元素

辅导者的引导语如下——

"回想当时的情况，把所见景象放入一部电视机的荧光屏上。想象电视机是放在一张桌子上，桌子腿上有轮子。试着把桌子往左边和右边推，看看把桌子推往哪一边你会感到更舒服。"（等待受导者回答）

"好，继续往那边推，找一个让你感到最舒服的地方。找到之后把电视机放在那里，并且点头让我知道。"

"好，在这个地方，也有上、中、下三个位置，找出电视机放在哪个位置你会感觉更舒服，然后告诉我。"（等待受导者回答）

"好，现在看看电视机的荧光屏，上面的景象，是像电影般的动画，还是像照片般的静画？（若是静画，跳至下一句；若是动画，跟随这里继续下去。）用你的方法，找到电视机上的旋钮，把动画调慢速度，直到完全停顿成为静画，看看这样你是否感到更舒服？"（等待受导者的回答，无论他如何回答，继续下一句。）

"好，现在告诉我，荧光屏上面的景象有没有颜色，是彩色的还是黑白的？（如果受导者回答没有颜色或者只有黑白色，跳至下一句；若回答有颜色，跟随这里继续下去。）好，找出电视机上负责颜色的旋钮，把荧光屏上的彩色，由浓调淡，再由淡调至只有黑白色。看看这样你是否感到更舒服？"（无论受导者如何回答，继续下一句。）

"好，现在看看，荧光屏上面的景象清晰吗？试着加上一块滤光镜片，让景象变得更模糊一点，看看这样你是否感到更舒服？"（无论受导者如何回答，继续下一句。）

"今天的天气不好，刮风了，所以荧光屏上出现雪花、虚影、跳动等，你仍能看到那些景象，但是已经很模糊了，看看这样你是否感到更舒服？"（无论受导者如何回答，继续下一句。）

"好，这部电视机有多大？是几英寸的？（无论受导者如何回答，继续下一句。）现在把它缩小，直到它缩为10英寸荧光屏或更小。看看这样你是否感到更舒服？"（无论受导者如何回答，继续下一句。）

"好，现在把这部电视机推远，看着它越来越远，看看这样你是否感到更舒服？"（无论受导者如何回答，继续下一句。）

"现在，你可选择，当它被推到最远的地方时，使之堕海或升空而消失。选择让你感到更舒服的方式。"

在上面的过程中，若有受导者潜意识不完全配合的信号出现，并且出现两次以上，辅导者应该先停下来，使用"把意义储留心中"的技巧。此外，

"把未能处理的放在保险箱"和"接受的态度"等两个技巧也会有用。如果受导者不能移动电视机，或者感觉把电视放在上、中的位置比放在下面更舒服等，都是不符合改变经验元素应有方向的信号。每当有这种情况出现时，可以用下面的建议式引导去准确测试。例如，受导者选择了上，说把电视机放在上面的位置感觉最好，辅导者可以这样建议："很多人发现下面的位置比上面看着更舒服，不知道你觉得如何？"若他仍然回答说放上面更好，便是一次证实了的信号。记住：必须找到两个或两个以上的信号，再做判断。

标准模式 2：改变内听觉经验元素（外来因素）

跟随上面的"改变内视觉经验元素"的引导模式，尝试以下引导程序。

引导受导者回想不良记忆事件时的情况，注意听到的声音或话语，看受导者用哪个词，他的用词是从左耳还是从右耳传入的。等待受导者回答，无论是从哪一边耳朵传入，引导他尝试把声音改为从另一边耳朵进入，注意是否感觉舒服一点。有些人开始时便感到声音从双耳进入，可以试改为从一边耳朵进入，再试另一边。

然后试着把声音的来源改为正前方或者正后方，找出哪个方向更舒服一点。（很多人把声音来源改为后方感到最舒服，但那也不是绝对的。）

在最后选定的方向那里，试试把声音来源放在上面、中间或下面，找出更舒服的位置。

想象声音来源是一个音箱，注意它是什么颜色的。尝试改变为其他颜色，找出一个更舒服的颜色。然后问颜色是深一点还是浅一点感到更舒服。

问音箱是什么形状的（正方形、长方形、椭圆形），将其变为感到更舒服的形状。

问音箱的大小尺码，把它缩小，应该越小越感到舒服。

音箱的供电不好，声音出现中断、不稳定，还变得越来越慢，声调越来越沉，每一项的改变都问是否感到更舒服。

把音箱推远，所以声音越来越小，是否感到更舒服一点。

音箱的电线，终于因推远而被拉断了。"啪"的一声后，便再也听不到那些声音。然后，不知从何处隐约而轻柔地传来自己喜爱的一段旋律，而且慢慢地越来越清晰，自己被这很舒服的旋律所包围着。

标准模式 3：改变内感觉经验元素

改变内感觉经验元素最需要辅导者的想象力和灵活性，用视、听觉文字去描述体内的那份感觉，因此需要很多比喻、象征、联想的手法。跟随上面的"改变内视觉经验元素"的引导模式，尝试用以下的语言引导受导者。

"回想当时的情况，进入现场环境看和听，注意一下在什么时候、什么情景出现时，自己内心会出现这种感觉。"

"注意这种感觉的大小和它在身体里的位置。"（让受导者用手比画出感觉的大小和位置，让你明白。）

"感觉一下它的形状是怎样的？是圆形、长条形，还是像一团云雾般的形状？（等待受导者的回答）试试改变形状，找出使自己更舒服的不同形状。例如变圆、变扁或变长，哪种形状最能使你感到舒服？"

"它的外表是怎样的？有没有尖角？粗糙，还是平滑的？"（无论受导者的回答是什么，都引导他做出改变，尝试找出一种能使他感到更舒服的外表。如果受导者不善于想象，辅导者需不断地引导其做出新的尝试：无论什么都可以，目的就是要受导者开动大脑。）

"它的外表是什么颜色？尝试找一种使自己更舒服的颜色。"

"感觉它的重量，里面是怎样的？找一个方法使之变轻，例如蒸发掉里面的水分、用火焙干、用小吸管抽出水分或者用风吹干。注意过程中哪个方法最能使自己感到更舒服。"（怎样才可以把它变得像棉花般轻盈？）

// 173

"现在看看它的形状大小，注意在变轻的过程中那种感觉的体积也缩小了，自己一面感觉它缩小，一面感到更舒服。"

"把现在已经变轻和缩小的感觉往上升起，注意位置改变时内心那种更舒服的感觉。尝试让那种感觉从口中飘出，想象用手接住，向它吹一口气，看着它飘远，直至看不到为止。若它不能离开身体，可以在内心找一个最安全和自己最感舒服的位置，然后用一个盒子或箱子（选择使自己感到更舒服的形状、大小、颜色、用料等），把那种感觉装好，放置在那个位置里。"

对某些想象力较强、感觉也来得很快的受导者，在问了感觉的大小和位置后，便可以引导他把那种感觉往上、左、右、前、后移，同时产生效果。

但是，在特定情况下，改变经验元素并不能达到预期的效果：

（1）当事人不相信这个方法有效。在这种情况下，这个人会发觉一件事情的经验元素不能改变。就像你让司机把车子开往东面，而司机说车子无法向东转而必须转向西面。因为他操纵了汽车，他一定成功（转向西面），并且事实（车子转向）会证明他是对的。

（2）当事人潜意识里的一些重要的深层信念不允许出现改变，例如潜意识认为若改变了，这个人便失去了保护自己的能力；或者潜意识为了维持一个"身份"的信念（我是一个怎样的人），认为改变了便会失去这个身份。

在未曾掌握信念系统方面的技巧时，针对上述两点，可以按照以下指示去引导当事人：

（1）如果受导者不相信这个方法有效，则引导受导者去注意，当方法有效时对他有些什么好处。只要他在乎这些好处，辅导者便能引导他把注意力放在这点上：有一分效果，自己便多一分好处，允许让结果告诉自己是否有效。

（2）当一些重要的深层信念不允许改变出现时，引导受导者去找出事情的意义（或价值及值得学习之处）。

❖ 事情在大脑里的位置——时间线

储存在内视觉中的各种经验记忆，有着各自不同的位置。

（1）如果你是惯用右手的人，你的时间线是：过去在左边，未来在右边。因此，当你回想一件往事的时候，它应该是在你的左边的。你可以试着闭上眼睛回想去年某一个特别的日子（例如，新年、生日等）早上刷牙时的情景，用手指出情景的中心点所在，然后睁开眼睛，看看你手指的位置。然后再闭上眼睛，想象你三年后同样一个特别的日子早上刷牙的情景，用手指出情景的中心点所在，然后睁开眼睛，看看这次你手指的位置。一般人第一次手指的位置会在鼻子的左前方，第二次则在鼻子的右前方。

（2）如果你平时生活比较紧张，觉得事情总是排山倒海般到来，而且总是急着想快点把事情做好，当你闭上眼睛想那些未完成的事情时，那些情景会在你的右方，而且在较高的位置，例如：视线的上半部，具有一种压迫感，且颜色较鲜明，光亮度高。

（3）如果你平时生活比较轻松，觉得事情的来临自有它们的节奏，无须心急，当你闭上眼睛想那些未完成的事情的时候，那些景象也会在你的右方，但是没有那么接近你，与（2）比较，位置可能稍低一点，颜色会淡一点，亮度也没有那么高。

以上都是我们脑里的时间线在内视觉的经验元素中表现出来的模式。内听觉的朋友也会有类似的经验，虽然那不是景象而是声音。有些NLP技巧的确特别适合惯用内视觉的人，视觉毕竟是五个感觉器官中效率最高的一个，而且一个人的内视觉是不会有问题的。有些不习惯使用内视觉的朋友喜欢问我"内视觉有问题的人怎么办"。我说："内视觉有问题的人每次回到家中都问太太是谁，你遇到过这样的人吗？"因为我们必须运用内视觉去储存熟悉的人和物的景象，以便下次见到后认出来。绝大部分人的内视觉都很正常，只是其中一些人遗忘了"遥控器"，不能随意运用而已。

针对上面介绍的三点，就"改变内心推动力"问题，给大家介绍一下运用方面的可能性。

第一，有些人被一些往事所困扰着，例如与男/女朋友分手、被公司辞退、被人当众侮辱等。每当进入一些相似的环境中，例如有陌生异性在场、求职面试或者站在人群中，那些往事都会涌出，带来的情绪使这些人不能有效地表现自己、掌握机会、享受人生。往事本应在过去的位置，但是在这些环境中这么容易涌出，是因为它们在脑里都被放在现在和未来的位置。这是潜意识中的自我保护机制：确保我在同样情况下不会再受伤害。在这些情况下，这种原始的保护机制反而妨碍了我们的成长。这就是为什么在改变内视觉经验元素的步骤里，要把电视机推向一边。用右手的人应把电视机推向左边（过去），但是有些人可能自己也不知道先天是用左手的，所以我们提议由受导者自己找更舒服的位置。

第二，觉得节奏太快而想慢下来的朋友，可以把手中待办的事情放在大脑里改变其呈现模式。首先挑选一件重要的事，想象其情景，然后：

把中心景象推远一点，若是高过视线，则把它拉低一点，与视线保持平衡。

把亮度调低一点（不要全黑或太暗，只要不那么耀眼便可），把颜色的鲜艳度调淡一点。

把待办的事想象成是写在不同的纸上的，按紧急程度排列次序，越快要做的越在前面，把后面的推远一些。为了确保它们的存在，尝试想象一下如何想起某事便抽出该张纸，想完便把它放下，它又回到整齐的排列里。

第三，节奏太慢而想给自己内心多点推动力的朋友，也可以用与上面相反的做法来让自己的内心多一点紧迫感。

把要做的事的那页纸拉到右边（用右手的人），拉高至眼睛的水平，接近自己，离自己越近则紧逼感越强。

把纸放大，使上面的字非常清晰。

把亮度加强，颜色调得更鲜艳。

其他待做的事——如此处理，并且想象它们页页紧贴着排下去。

压力太大和推动力不足

工作压力太大和推动力不足是经验元素在脑里呈现模式的两个极端。感到工作压力太大的人，脑里看到的"待做的事"是大量、散乱、布满各处并且距离很近的；感到推动力不足的人则刚好相反，脑里看到的"待做的事"很少、稀疏、不清晰和距离很远。

因此，处理工作压力太大的受导者，只要引导他把"待做的事"变为一个个文件档案，按时间上的先后次序——排列在他脑里的右上方向（若他用左手则改排在左上方向），最优先的一件排在最接近自己的位置，并且把这样排列好的"待做的事"推至一个远近适宜的距离，既明显见到，同时又不会感到压力太大。

推动力不够的受导者，除了上述的处理外（把"待做的事"拉近至一个远近适宜的距离），还需找出主要的"待做的事"的价值，即受导者在乎的好处，制造出有吸引力的"价值景象"，逐一放置在有关的"待做的事"的旁边。

工作压力太大和推动力不足往往是未能充分成长的表现，内心是"我没有能力"或"我没有资格"的负面信念。所以，除了上述的改变经验元素技巧外，常常需要加上"信念种入法"，例如："我有资格休息"或"我有能力照顾自己"。

拓展视野

选人、用人的诀窍

明白了内感官和经验元素对一个人的内在思想、性格表现和语言行为模式的影响，我们在人员的选拔和训练上便有了更明确和有效的方法。

视觉型的人观察能力强、办事速度快、能同时兼顾多件事情，但是，他们也有因同样特点而产生的缺点：没有耐性、不爱注意逻辑道理、对细节兴趣不大。视觉型的人在乎外观，所以擅长美术设计创作方面的工作，本人的衣服外表也较得体。一般来说，视觉型的人比较阳光积极。

听觉型的人逻辑性强、办事注重细节、处理琐碎资料的能力强。但是他们的时间观念往往不强，对于大局或整体的协调能力较弱。听觉型的人在乎文字逻辑，所以擅长文书或语言工作，资料整理的工作也较适合。

感觉型的人工作速度不如视觉型，语言文字不如听觉型，但是他们是实干型，就是凡事喜欢亲自动手，对事情的感觉也特别强。要注意的是，很多感觉型的人跟自己的感觉完全拥抱，对外界人的感受反而没有多大注意。

上述材料以及本书较早提供的资料，都不是绝对的。这就是说，不要以为某类型的人就一定是这样的。同时，我们知道每个人运用某种内感官的习惯是可以改变的。那么，怎样运用这些资料呢？

当你准备聘请从事某项工作的人员时，先想想这项工作有些什么特别的需要，例如广告平面设计需要视觉型的人，从事文字工作则最好找听觉型的人，做工模或模具应该找感觉型的人。

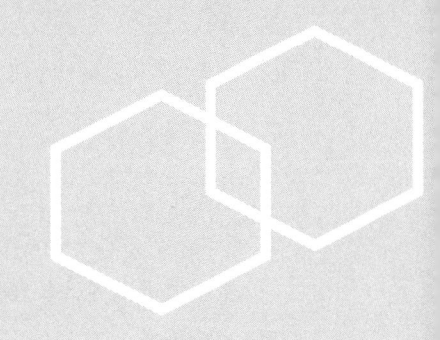

第七章
沟通

两个人之间的沟通问题和冲突，只有这两个人可以真正解决。沟通方式没有对与错之分，而沟通效果则有好与坏之别。沟通效果的好坏取决于对方的回应。强调说得对不对没有意义，说得有好效果才重要。坦白、诚恳、关怀的态度，便是在乎两人的关系而不是强调本人的优越地位，更能给对方空间。在这个基础上，可以直接谈的不要经由第三者，带着坦白、诚恳、关怀的心，什么都可以谈。

生于大千世界，长在茫茫人海，我们每天都少不了沟通。

与物沟通，天人合一，自然和谐；与人沟通，情意畅达，处事圆融；与己沟通，自限解脱，心境澄明。

这里要谈的是人与人之间的沟通。一个阳光般的笑脸，一声深情款款的问候，或是一个鄙夷的眼神，一句冷淡的话语，所带来的沟通效果当然大相径庭。人与人之间的沟通，是一方有效地表达自己的信息之后，另一方对那份信息做出回应。有效的双向沟通是指我有效地表达自己的信息，而对方的回应是我所祈望的。也许对方不一定会接受我的意见，但是乐意进一步了解我的意思，或者提出他自己的意见与我讨论，这都是良好的回应，是可以基于此而达成更好的效果的。

◆ 沟通的含义及前提条件

"沟"者渠也，"通"者连也，"沟通"本身的意思是借助某种渠道使双方能够通连。

在小说中常常可以读到这样的故事：一男一女，于风华正茂时一见倾心，情愫暗生。但因矜持与羞涩，或因世俗的牵扯阻碍，犹疑着，酝酿着，那纯真而隐晦的爱意，终只是在眉梢眼角轻轻流露，并没有开口说出。然后阴错阳差间，大家已各奔东西，听任流年似水，时光逝去，多年后在异地他乡两人不期而遇时，已是鬓丝如霜，各有各的曲折，各有各的悲哀——于是把盏话沧桑。酒过三巡，醉意稍甚的一方突然涩涩开口：当年，其实我深爱过你。另一方也只是眼神凄柔地沉默以对。其实这么多年过去，世事早已尘埃落定，说不说出，都是云淡风轻了。但当年的一句话，也许可以重写两个人的命运。

爱要说出口，任何一种沟通其实都是如此。对方是不是这个意思或者是否明白你的心意，只有对方才能决定。不要假设，若不肯定，找他谈谈。

人间充满因为臆猜别人的想法和不肯明白表达自己的意思而引起的误会和悲剧，不信的话，你不妨看看《家》《春》《秋》，或者任何一部文艺作品，也可以留心你每晚收看的电视剧，还可以观察和回想你的朋友之中出现过的纠纷，看看你可以找出多少个例证。

在人与人之间的关系中，可以减少的假设应尽量减少。大部分人都同意夫妻之间可无事不谈，但是，很多夫妻很少分享内心的感受，有什么不满意都只是隐藏在心里，要对方瞎猜。夫妻都是这样，家人、同事、朋友更不用说了。

中国人的传统思想中讲究修养，讲究做人要含蓄、内敛，这往往使人不谈心中不快的事。其实真正上乘的修养，是心中没有不快的事。既然有了，面对它，积极和善意地处理、化解它才是正确的做法。人间已经太多因为小小的误会而引起的困扰、悲剧，甚至一生的折磨。为自己做点好事，不要再臆猜别人内心的看法或感受，去找他谈谈吧。多尊重别人一些，问问他的内心真实的想法吧。

中国人的传统思想中也有托人说项的习俗。在古时，尊卑之分是礼节的重要部分。我比你的级别低，便需要找一个与你同级或者更高的去代我说话。如果是我犯了错，冒犯了你，那就更加需要这样做了。因为你比较尊重高级别的人，当这个高级别的人为了我向你说情时，你为了给他面子，便容易原谅我，宽恕我的过失。

这一套，在当今社会中当然不适用了。现在人人平等，没有哪个人甘心自认低下。有什么事，都可以两人直接对话，坦而言之，找出解决办法。事实上，在今天的社会模式中，两个人有争执，例如夫妻间，企图找一个双方都敬重的人做和事佬的话，往往争执重复出现，不用多少次，那个和事佬所享有的敬重便会消失，而问题依旧存在。

两个人之间的沟通问题和冲突，只有这两个人才能真正解决。第三者的出现，只能把问题延后，其中的原因没有处理好，问题便会继续出现。

坦白、诚恳、关怀的态度，便是在乎两人的关系而不是强调本人的优越地位，更能给对方空间。在这个基础上，我说出我想要的是什么，对方说出可以给我的是什么，然后大家讨论找出两人都可以接受的方案，不是简单得多吗？请记住这句箴言吧：可以直接谈的不要经由第三者，带着坦白、诚恳、关怀的心，什么都可以谈。当然，谈的时候，要注意下面一些前提条件。

沟通的前提条件之一是有效地表达自己的信息。

表达信息的方式有很多种，无论是面对面还是背靠背，无论近在咫尺还是远隔天涯，有关联的两个人都可以找到自己的方式去表达信息。当然不同的方式传递着不同的信息，亲切微笑意味着喜欢、接受，呢喃软语传递的是一份爱意，吵架对骂中的语音语调、身体语言和所用的文字，是为了表达出不满意某些事情或者不能接受对方的一些言行；不理睬对方则是用沉默表达"我不愿意与你沟通"的信息。所以，沟通的方式也林林总总，绝对不仅限于我们一般所理解的对话、书信来往、传真电邮等，吵架对骂、不理睬对方也是沟通方式之一。

沟通的前提条件之二是建立和谐气氛。

和谐气氛使双方感到安全而无须启动自己的保护机制。在这个状态下，脑里前额叶的理性中心（掌管分析思维、理解、解决问题和策划的部分）会更活跃，更能发挥其功能，因而能够产生良好的双向沟通效果。和谐气氛需要我们精心营造，恋人间浪漫的烛光，朋友间惬意的谈笑，父母子女间平静的关怀，商务伙伴间轻松的晚餐，等等，都是有利于有效沟通的良好氛围。即便是在一个不太协调的关系里，也可以找到双方都感到平静愉快的时刻，找到一个舒适、安宁的环境，这时的交流才更有建设性。

沟通的前提条件之三是给别人一些空间。

一个人不能控制另一个人，也因此不能推动另一个人。每个人都只能推动自己。所以，当别人清晰地发出了不想沟通的信号时，我们只可以伸出邀请的手，而无法勉强对方接受。若环境允许我们有所选择，我们可以让对方知悉我们想沟通的意愿，让对方在适当的时候再与我们沟通，这保留了最大的机会。同时，我们有权利为自己做些安排。

沟通的前提条件之四是学会倾听。

沟通是一方发出信息，另一方接收信息，并且做出回应。当沟通用非语言的方式进行，倾听将需要用眼睛完成；当沟通用语言的方式进行，则倾听将需要同时用眼睛和耳朵进行。更积极的倾听还需要用上嘴巴、心甚至整个人。有了足够的倾听，我们才能清楚准确地了解信息发出方的意思，因而才能够做出最正确的分析、感受，并且做出最符合所需的回应。

卡拉·韩娜馨（Carla Hannerford）博士是运动机制学的权威，她指出，每个人都有两边脑、两只眼睛和两个耳朵，但在幼时成长的过程中，会发展成主要运用其中的一边。我们都知道左边的脑控制右边身体，而右边的脑控

// 183

制左边身体。当一个人处于压力下时，非主要运用的一边脑会几乎停顿，而只靠主要运用的一边脑处理事情。

倾听并不是只听到对方的话语及其意思，更重要的倾听是：

（1）对方话语背后的信念、价值观、规条和对方对自己"身份"的定位。若有问题、争吵或冲突，真正的原因总是在这里找到。

（2）对方说话时的语音语调和身体语言。这些显示出对方的内心状态，尤其是他的情绪感受。嘴巴可以说出很多好听的话，但是语音语调和身体语言能真实地显露他内心的立场。

❖ 什么决定了沟通的效果

阿龙常常这样抱怨女朋友："我说的一点都没错，你怎么就是不听呢？"

大多数沟通不成功的人，都会像阿龙一样强调自己说得怎样对，只是对方听不入耳而已。其实沟通了而没有好效果，说过的话又有什么意义可言呢？沟通是两个人的事。对方走开了你仍在说，说得再对也没有用，旁人会说你是傻子；对方没有走开，但是听不进你所说的，说得再对也没有用。如果一位外科医生对你说"手术十分成功，只是病人死了"，你会有什么感想？手术的目的是救活那个病人，如今病人死了，手术的意义便完全失去了。所说的话是为了有良好的沟通效果，如今没有这效果，再强调说得对，只不过是使自己看不见有改变沟通方法的需要而已。对方听不听得进你说的话，只要注意对方的回应便能知晓，除非你掩着耳朵，闭上眼睛，不听、不看对方的回应。当对方的回应不是你所期望的，你便需要检讨和改变自己的沟通方式了。

沟通方式没有对与错之分，而沟通效果则有好与坏之别。

沟通的效果取决于对方的回应。强调说得对不对没有意义，说得有好效果才重要。

因为良好的沟通效果是你的目标，所以绝对不能停下来，一味地强调自己说得对，而要不断地改变你的沟通方式，直至你所期望的回应出现。然后，你应继续这个沟通方式，保持良好的沟通效果。如果有一天所期望的回应消失了，你便需要不断地改变你的沟通方式，直到理想的回应重新出现。

语音语调和身体语言对沟通的影响

一位美国心理学家多年前发表过一份研究心得。他认为沟通效果的来源是：

　　文字意义　→　7%（说话用字的内容）
　　语音语调　→　38%（说话声音的高低、强弱、粗细、快慢及各种语气）
　　身体语言　→　55%（面部表情、头与身躯的姿势、手势等）

他列出的数字引起了一些学者的争议，其真实性受到质疑。我认为虽然数字不一定完全准确，但是在某种意义上他的看法是完全正确的。

传统上，人们习惯了只注意字面上的意思，即接收对方使用的字、词、句的内容，分析和理解文字的意思，而忽略了对方的语音语调和身体语言所表达的意思。我们经常听到别人在争吵中说的一些话，便是这点的证明：

"他是这样说的啊！"

"我已经完全告诉他了，他怎么会这样的，真不明白。"

"他没有说清楚呀！"

很久以来，我们专注于理性的学习和运用。分析、逻辑、理解文字的意思，都是左脑理性的运作，我们可以有意识地做这些工作。被忽略的，是我们有更庞大的能力在感性（右脑）的一边，也就是我们的感觉、对大局的掌握等能力。这些能力，隐藏在我们的潜意识之中，对我们的影响更大。

我的研究显示，人与人之间的沟通，发言的一方所发出的信息极多，但是他本人意识到的只有极少部分，绝大部分都是他不自觉，即由他的潜意识控制而发出的。这部分包括所选用的文字、文字的组织、语音语调所表达的语气和经由身体所表露的大量信息。接受的一方，也是同样地只能有意识地接收这些信息的极少部分，其余的都由他的潜意识所接收。双方在传与收的过程中，就会产生很多的遗漏、曲解、误读，因此沟通的效果会受到很大影响。

为了显示其中差距的巨大，我惯用以下的数字比例（虽然数字未经科学证明），沟通信息的传递在两个层面以不同比例同时进行：

意识　　→　　1%
潜意识　→　　99%

在潜意识层面传递的99%的沟通信息，可以凭练习而使部分提升至意识层面，也就是说可以让我们有意识地洞察和运用，因而增加沟通的效果。

意识控制的1%，我们习惯地放在对方的文字上（虽然偶尔也会注意到对方的表情），所以我们十分强调别人说的话、用的字、怎样说等。其实，从沟通效果的角度看，语音语调的确比文字重要。你能够用几种不同的语音语调说"李先生，您好"这五个字，使我能感到你很尊敬我、你对我冷淡、你不高兴或者你鄙视我等。同样的五个字能产生这么多不同的效果，全部都是语音语调改变所带来的。

身体语言所能够做到的，比语音语调又高了一级。试想象一下，一个人在你面前对你说这两句话："今天海上有风浪，我们需要研究一下怎么办。"

请你想象他说了两次。两次的语音语调一样，文字也一样。第一次他的面部有笑容，双手伸出，掌心向上，手指张开。第二次他的面部神情有点紧张，双手也是伸出，但是紧握成拳头。

这两次文字意义、语音语调相同而身体语言不同的沟通，给你的感受有怎样的不同？

虽然人们习惯把注意力放在 7% 的文字上，其实，这 7% 也往往接收不足。本书"检定语言模式"一章便深入地研究文字方面的认识和使用技巧。

文字虽然重要，但是决定它的效果的是语音语调和身体语言。语音语调影响对方的听觉接收效果，在引起情绪共鸣上有决定性的作用；身体语言影响对方视觉接收效果，在引起意思共鸣上有决定性的作用。当文字意义与语音语调或身体语言不配合时，对方选择的会是语音语调和身体语言，不是文字的意思。当语音语调和身体语言不一致的时候，对方会产生很大的疑惑（38% 与 55%，都是很大的分量）。对方常用的内感官类型若是听觉型的，会比较多地注意你的语音语调；如果对方是视觉型的，他会选择相信你的身体语言。研究表明，三分之二的中国人是视觉型的。

试想，你有些不开心的事，或者处于一个完全没有动力的状态中，你说话时的语音语调会是怎样的？这个时候，你的一个好朋友走进来，兴高采烈地宣布他打球赢了对方，准备请你出去一同吃饭庆祝。他的音高和音强与你的相比会有多大的不同？这时，你往往会产生不想跟他去的感觉，原因是他的语音语调表现出两人是在两个很不同的状态里，他没有注意到你的状态。

反之，如果他马上把声音调慢并放低，再邀请你出去，你也许会想跟他出去走走。因为你感受到他已经进入你的世界，尝试与你分享你的情绪感受了。

再试想你正在赶着上火车，在车站匆忙地给一家公司打电话询问一些问题。很自然地，你的语音语调会比平时急些、快些，甚至大声一点，语气也会显出匆忙。可是对方接电话的人却正处于一个十分悠闲的状态中，回话时慢吞吞、小声、低沉，你的感觉会怎样？也许会立刻挂上电话吧？改变一下你的想象：如果你正在度假，已经悠闲地过了好几天，如今时间正多得很，打这个电话去那家公司问一些问题，而接听的人却正在忙着处理多件事情，说话的语气十分焦急，你也会考虑改天再问吧？

由此可见，语音语调的配合十分重要，尤其是你想给对方一个在情绪上有共鸣的感觉时，注意语音语调的配合会最快产生效果。

（1）语音语调的配合能令对方马上感觉你接受了他，因此使关系更易建立，沟通更有效果。

（2）语音语调的配合最能做到情绪上的共鸣。

（3）语音语调可以细分为四个方面：高低调、大小声、快慢速度及说话语气。良好的配合是四个方面都照顾到。

语音语调配合在情绪共鸣上有特殊效果，而身体语言的配合则在取得事情意义的一致上最为有用。

试想，在路上你见到一起走路的两个人，步伐一般都很自然地保持一致，绝不会见到有一个人的步伐快而小，另一个则慢而大。在一个进行得很好的会议或课程里，你会见到所有参加的人都有相似的行为样式。如果其中一个人有异常的行为举止出现，所有人都会用奇怪和排斥的眼神望着他。这些都是人类追求和谐、需要身体语言配合的例子。

销售工作做得好的朋友都知道，当他与一位顾客或准顾客轻松交谈时，他会察觉到对方与自己的身体往往是一致的。你也可以和自己的一位朋友做个实验。先随便找一个双方意见一致的话题谈谈。待讨论已经入题和畅顺时，试着使自己与对方的身体语言一样。再多谈两句，然后停下来，问问对方觉得是否舒服（对方肯定会说舒服）。然后重复刚才谈过的话，这次把身体语言改变为与对方的刚好相反或者不同，再问问对方心里的感觉是否与刚才不一样。你的朋友多数会说较早的一次舒服一点。

下次无论是见客人或者与朋友谈话，如果有一件双方意见不能一致的事，试着配合对方的身体语言（和语音语调），你会发觉虽然事情不一定能解决，但是两人都想继续谈下去。如果双方不能取得一致意见，同时身体语言和语音语调也不配合，双方很快便会陷入"不想谈下去"的感觉中。

（1）身体语言的配合也能使对方感到你接受他，而且有和谐的感觉。

（2）身体语言大致上也可分为四个方面：站姿、手势、头的位置和动作、面部表情。

（3）一些太露形迹的手势，例如抓鼻子，是无须配合的。

语言技巧在沟通中的运用

理查·班德勒说过，当你对别人说话时，你不是给他一些信息便是在改变他。文字的运用，对话时所用的语言，对沟通的效果也有很大的决定作用。同样的意思，不同的人去说，或者同一个人用不同的词语、顺序表达出来，效果会有很大差别。要达成好的沟通效果，就要讲究语言的技巧。

做保险工作的林小姐是个很会讲话的人，很多朋友愿意同她交谈，把心里话说给她听，也愿意听她的意见，很少见她和什么人发生争执、吵嘴等。工作时经常有人毫不留情地跟她说："保险浪费金钱！"有时她这样说："看来你是同意应该为家庭设立保障的，你现在用的是什么方法？"有时她又这样回应："浪费金钱是不对的，尤其是在今天经济困难的社会环境中，我看你需要的是不浪费金钱，且物有所值的家庭保障计划！"还有的时候，她说："我的很多好朋友都是这样说，直到他们听我解释了，才知道原来保险是花这么少钱可以买到这么大的一个保障，可以活得更开心，因为没有后顾之忧嘛。他们现在都买了，而且介绍很多朋友给我！"不管用哪种方式去回应，她总有办法让对方听她说完，并且多数时候都能把保险卖出去。每当别人向她求取"说话真经"时，她都会说，其实简单得很，只要注意下面几点就行了。

第一，要学会复述，就是重复对方刚说过的话里重要的文字，加上开场白。例如："你是说……""你刚才说……""看看我是否听得清楚，你说……""复述"表面看来很简单、很平凡，而事实上是很有效果的技巧，它可以使对方觉得你在乎他说的话，你想很准确地明白他的意思，同时使对方自己听清楚自己所说的话，以避免错误，或者加强对方说话的肯定性，待重提时对方容易记起。它还可以含蓄地修正对方说话中的困境，比如对方说"我不懂游泳。"你复述说："你是说至今尚未懂游泳？""至今"二字使对方的潜意识打开"未来大有可为"的可能性。另外，复述可以给自己一点时间去做出更好的构思或者回答。

第二，要学会感性回应，就是把对方的话加上自己的感受再说出来，例如，对方说："吃早餐对身体很重要。"你回应说："我要吃饱了肚子才会开工，身体暖暖的，做事才起劲嘛！"感性回应是把自己的感受提出来与对方分享，如对方接受，他也会与你分享他的感受。感受分享是一个人接受另一个人的表示。

第三，学会假借，就是把想对他说的话化为另一个人的故事，可以用"有个朋友……""听说有一个人……""去年我在美国遇到……"等，假借另一个人的故事把内心的话说出来，会使对方完全感受不到有威胁性或压力，对方因此更容易接受。

第四，要学会先跟后带，就是先附和对方的观点，然后再带领他去你想去的方向。附和对方说话的技巧既可以取同——把焦点放在对方话语中你与他一致的部分，又可以取异——把焦点放在对方语言中与你不同的部分，还可以先接受对方全部的话，然后再表达自己的看法、观点。

例如：

你说："我认为吃早餐的习惯对健康很重要，所以我每天早上都吃两个鸡蛋。"

对方："鸡蛋的胆固醇含量太高，我的早餐绝不会有鸡蛋。"

回应1（取同）："噢，原来你也有吃早餐的习惯，你觉得吃早餐对一天的工作有重要的帮助吗？"

回应2（取异）："你觉得鸡蛋的胆固醇对身体不好，当然你不会用它当早餐了，那么，你的早餐吃什么？"

回应3（全部）："不单你这样说，我以前也是这样理解的，直至去年我看到一篇科学新知的文章，发现原来胆固醇也有好坏之分，而且鸡蛋给我们的胆固醇好多过坏，有一些营养更是其他食物中很少能提供的呢！你有兴趣看一看这篇文章吗？"

第五，要学会隐喻，就是借用完全不同的背景和角色去含蓄地暗示一些你想表达的意思。例如，有人说："我太软弱了，所以觉得事事不如意。"你可以回答："你令我想到流水。流水很软弱，什么东西都能阻断流水，但流水总能无孔不入，最终到达它应到的地方。"有人说："这两项工作我都很喜欢，的确不知道如何去选择。"你可以说："苹果和梨当然各有各的味道，你到底喜欢苹果还是梨子，想清楚就不难选择了。"催眠治疗大师米尔顿·埃里克森运用隐喻的技巧出神入化，他经常以说故事的方式去达到其他心理医师达不到的治疗效果。适当和巧妙地运用隐喻，会使对方在意识一无所知的情况下，使潜意识得到重要的启示，整个谈话也将由此显得妙趣横生、回味悠长。

林小姐的经验，的确会给我们很多启示。提升语言方面的技巧，可以在很多方面努力。下面的技巧也非常实用，这就是"上堆下切"法。

在语言沟通中，我们经常会把交谈的方向引向三个方面：

一是弄清楚对方话语的意思，或者在说过的内容里面把焦点调细，把其中的部分放大，就像用小钳子把内容的一些资料拣出来，这样的技巧叫作"下切"（chunk-down），NLP的检定语言模式（the meta model of languages）

就是一套这方面的技巧（如图7-1）；

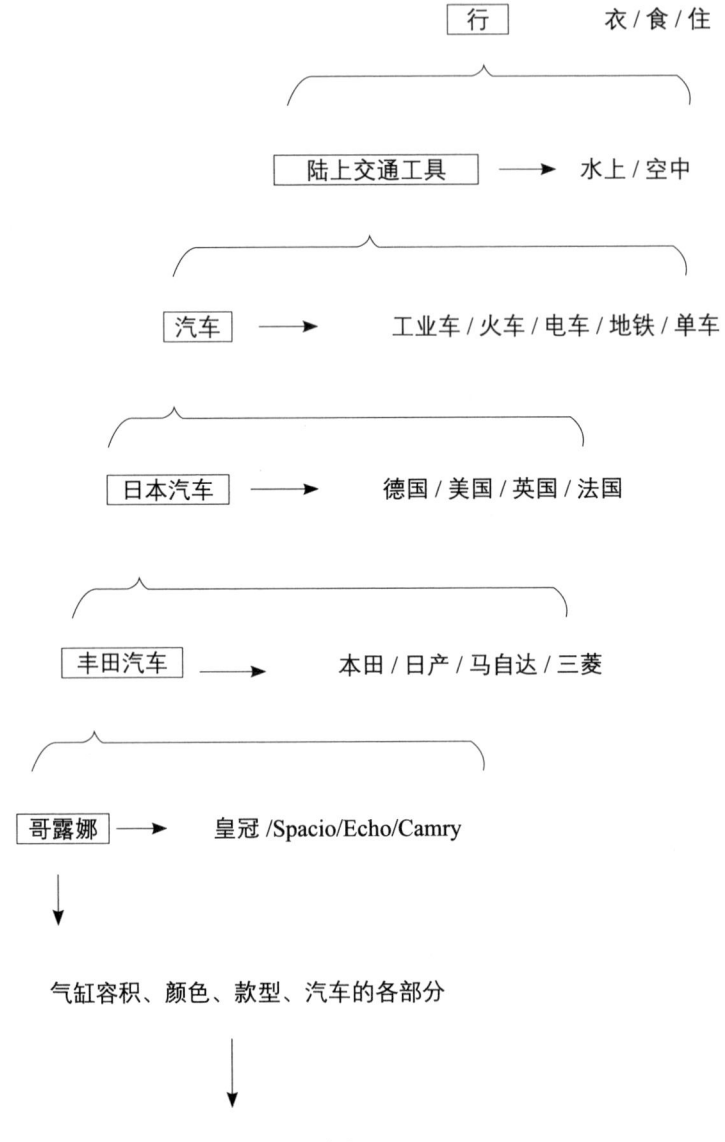

```
                    行        衣/食/住
                    ┌─────────┴─────────┐

              陆上交通工具  →  水上/空中
              ┌──────┴──────┐

          汽车  →  工业车/火车/电车/地铁/单车
          ┌──────┴──────┐

      日本汽车  →  德国/美国/英国/法国
      ┌──────┴──────┐

   丰田汽车  →  本田/日产/马自达/三菱
   ┌──────┴──────┐

  哥露娜  →  皇冠/Spacio/Echo/Camry
    ↓

气缸容积、颜色、款型、汽车的各部分
              ↓
制造原料、成本、历史、技术需要
```

图7-1 "上堆下切"技巧的"下切"使话题的范围更广

例1

参加马来西亚旅行团 ↕ 可以放松和消除疲劳 与家人有段快乐时光

韩国、泰国、中国台湾地区 ← 参加马来西亚旅行团

参加马来西亚旅行团 ↕ 应该有购物的机会 食物合口味 风景怡人

例2

证明我的能力 实现人生的价值 每天过得开心

↕

找新工作 → 创业、与人合伙、做特约顾问

↕

收入有多少？ 同事关系融洽吗？ 福利制度好吗？

例3

你与他一起为的是什么？
他的不好对你的人生有着怎样的价值？
你希望他是一个怎样的人？

↕

"他不好" → 其他不好的人 / 他好的一面

↕

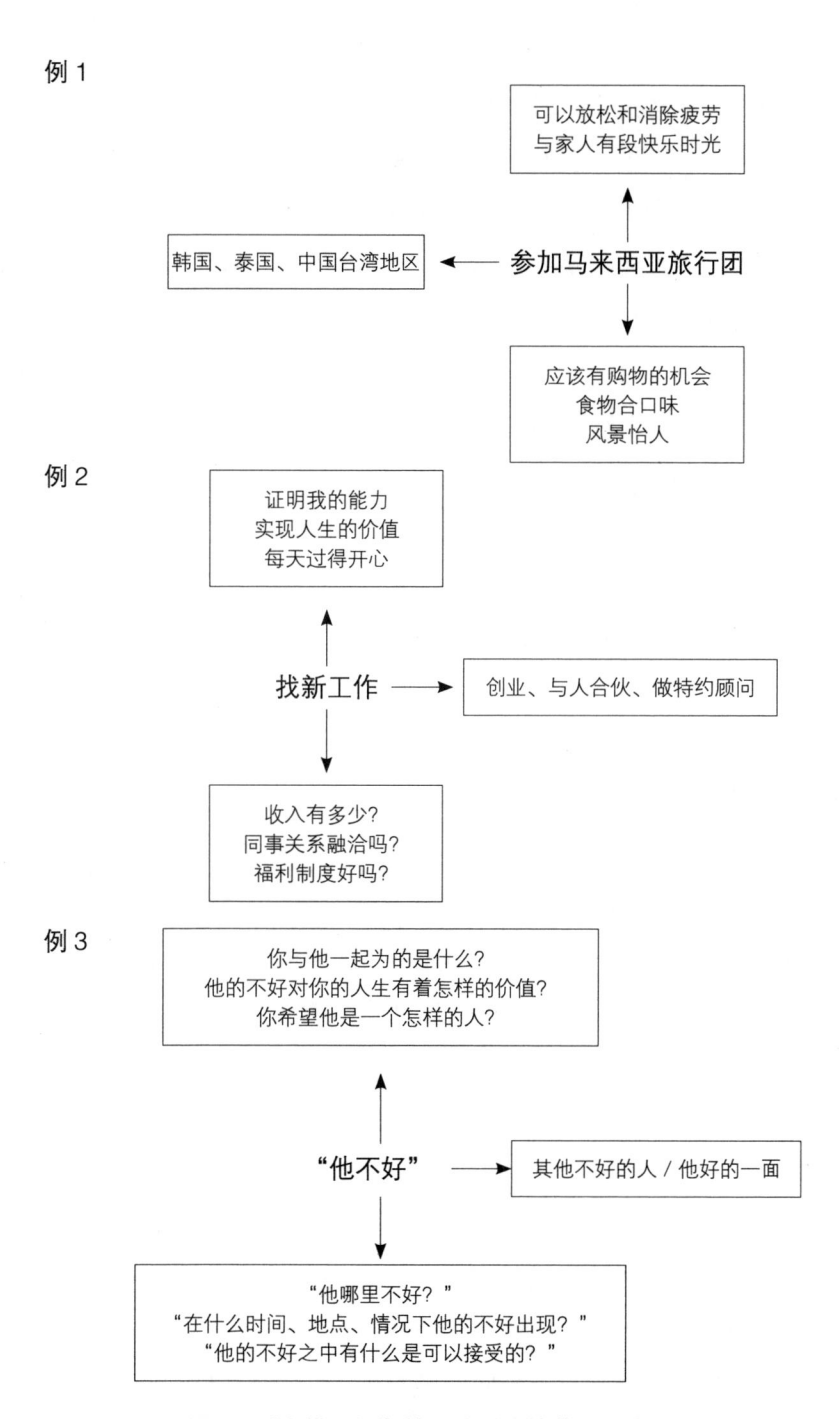

"他哪里不好？"
"在什么时间、地点、情况下他的不好出现？"
"他的不好之中有什么是可以接受的？"

图7-2 "上堆下切"技巧使话题的范围更广

二是为了建立与对方一致的气氛，用含义更广的词语去暗示意义上的共通，建立接受对方和允许对方引导的感觉，因为"意义"存于一个人的潜意识中，是很主观和不能尽言的，所以在语言层次取得意义上的一致感觉时，对方会被带到新的思考方向上，这样的技巧叫作"上堆"（chunk-up），NLP的提示语言模式（the milton model of languages）就是一套这方面的技巧；

三是探索对方说话的意义，因此能引导对方注意到有同样意义的不同可能，找出在同一层次的其他选择，使思想和生活更加丰富，这样的技巧叫作"平行"（parallel）。

以上三个方向的语言技巧，统称为"上堆下切"技巧（chunking），这套技巧的功能是从三个方向（上、下、平行）扩展交谈的涵盖面，使谈论的内容更丰富，效果更理想（如图7-2）。

❖ 沟通中需要注意的问题

建立共同信念和共同价值

生活中总是看见有些人，一边抱怨和别人的沟通没有好效果，一边坚持那些没有好的效果的做法。或者尝试着用了一两招从别人那儿学来的点子，仍不见好的效果后便停止了尝试，无能为力地叹息说"没有办法"。

"没有办法"的念头是使自己停步不前的根源。凡事至少有三个解决方法，若已知的方法不管用，总可以找出变化和突破。"达到良好沟通效果"的目标，与"没有办法"是对立的。二者只可以有其中之一存在。假如你选了"没有办法"，你便是放弃了"达到良好沟通效果"这个目标。假设你坚持要达到良好沟通效果，你便要坚持找出一个新的办法去尝试一下，如果仍然没有所需的效果，便再去找另一个新的办法。这样坚持下去，你才会成功。你想克服一个困难，首先要相信这个困难是有可能克服的，然后找出办法实现这个信念，并在过程中不断修正、改善，直到你所希望的效果出现。

希望别人改变是不切实际的，至少你需要自己先做出一些改变。也许某些改变会触动对方的内心某处，因而引起他想改变的念头。因为没有两个人是一样的，所以，你必须不断尝试去找出另一个人怎样才会改变的关键。

人是习惯性的动物，总是喜欢沿用旧的方法，即使旧的方法已经证实无效。甚至偶然一两次尝试改变，但是当改变后对方仍没有相应的改变，便又回复到旧的做法。其实旧的做法经过长时间证实没有效果，仍然用它便只能一直维持在没有效果的状态，有什么意义？坚持用旧的无效方法与人沟通，只能证明自己正在努力但不在乎达到良好沟通效果的目标，这是完全没有意义地在浪费精力。

办法关乎技巧，也关乎信念。沟通的问题，往往不只是语音语调、身体语言和文字语言技巧所能解决的，如果把自己内里的信念、价值观和规条调理得清清楚楚、明明白白，或者弄清楚对方的身份定位及BVR，与人沟通时，就会自然而然地运用上面的全部技巧，水到渠成地达成良好的沟通效果。

发掘和创造更多的共同信念与共同价值，会得到更好的沟通效果。共同信念是两个人都支持的信念。在同一件事中，两个人所追求的价值会有所不同，但是都是对方可以接受的，这便是共同价值。例如：两人去餐馆吃东西，一个人追求的是饱肚，另一个人则是为了聊天，大家都能够接受对方所追求的价值，便可能会获得一次愉快的用餐体验了。

假如在吃喝和聊天的同时，大家找到共同的兴趣，例如旅行，而且交换了很多心得，两人的谈话便会更深入默契。在这个更融洽的气氛中，就算有什么问题要解决，也会容易做到。

任何两个人之间，只要有沟通的需要，便一定有共同信念、共同价值的存在。建立更多的共同信念和共同价值，便是达到良好沟通效果的保证。

清晰的身份定位

身份定位对沟通效果有着重要的影响。在沟通的时候，你的内心认定对方的身份是什么，决定了你对他的态度和说话行为模式。所以，最快、最简单同时又是最本质的改善沟通效果的技巧，就是改变对方在你心里的身份定位。例如，准备去接待一个投诉的顾客，你把他的身份定为"给我麻烦的人"还是"最能帮助我们有效提升的人"？准备去跟自己的配偶或孩子讨论一些不愉快事情的时候，你把他的身份定为"总不谅解我的人"还是"证明我是多么好的妻子/妈妈的人"？

有一类名词称为"虚泛词"（抽象名词）。一般名词像"毛笔""水杯""手表"等可以明确其意义；而"虚泛词"则不可以，例如"资格""爱情""公平""照顾""人权"等。生活在这个世界里不能没有这些虚泛词，其中很多在人生里占有很重要的地位，但是人类社会里出现的很多冲突、矛盾和误会，也都是与"虚泛词"有关的。原因是人人都以为自己清楚地懂得这些名词是什么意思，而只有被问到的时候，才发觉自己不是怎么清楚。在平时，没有人想到自己和别人都不大清楚，也不会向别人提问。于是，每个人都凭内心模糊的、人人都不同的概念去处理与这些与虚泛词有关的事，效果当然不会好。

所有代表一个人的身份角色的名词，都是虚泛词。如：家庭里的父母亲、丈夫、妻子；职场里的上级、下属、同事、顾客；生活里的朋友等。丈夫心里的"太太"是什么，和妻子心里的"太太"往往不一样，而在婚姻生活里没有好好地谈过，于是妻子努力地做好自以为是的"太太"角色，而丈夫则越来越不满意，两人的关系越来越糟。再加上老人家的评论、社会传统思想等的要求，两个当事人会越来越迷惘。

清楚界定对方的身份角色，自己才可以更有效地配合。事实上，当对方有清晰的身份定位时，自己的思想、情绪感觉和行为意欲也会相对性地清晰和对位。同时，清楚界定自己的身份角色时，自己也会有效地影响对方的思想、情绪感觉和行为意欲。

改变内心的 BVR

沟通中不能强人所难。很多时候，我们凭着一些正面的动机，就以为可以代别人决定什么是对他最好的，不仅为他安排了事情，而且强逼他接受。当对方不接受时，我们埋怨他辜负了自己的一番好意，甚至责怪他不爱惜自己、自暴自弃。这种现象，最常出现于家庭中，对家人的一份爱心，往往使自己盲目而看不清什么才是对所有人最好的。

其实每一个人内心的一套 BVR，早已为他决定了什么对他好，应该怎样做。这些决定，或许最终不能带给他理想的结果，但是他要后来才能知道，当时，他只会坚持本人内心的 BVR 去行事。你认为对他更好的做法，是从你的角度，也就是你的 BVR 做出的判断。每个人都被自己的 BVR 控制；每个人的 BVR，也只能控制他自己。因此，你这样的看法，对你来说是对的；而他那样的决定，从他当时的 BVR 的角度去看，也是对的。

你若希望他接受你的看法，强人所难是不会有效的，因为只有他的 BVR 改变了，他的看法才会改变。"为他人设想"是好事，但是，代他人做决定则有些僭越了。你不能改变他的 BVR，只有他自己才能改变他的 BVR，所以，每个人都只能推动自己。你可以做一点事，使他觉得想改变他自己的 BVR，但这往往不容易在沟通现场做到，除非受过一些特别的训练，例如 NLP 辅导技巧。

更有效的方法是从他的 BVR 角度去看看，有什么比他的决定更能够给他更多、更好他所向往的价值，然后引导他自己去意识到这些新的可能性。这样，他才肯用不同的方法去推动自己。

容许对方的BVR在你的思想中存在，在思考方法时考虑到对方的BVR，便是给对方一些空间。给对方空间，其实就是给自己空间，给想要沟通的双方以达成良好效果的空间。

沟通方式不能一成不变。这个世界上，没有两个人是一样的，没有一个人在两分钟前后是一样的。每个人从出生至今天所经历的人生经验不可能一样，因此凭人生经验所塑造出来的信念、价值观和规条也不可能一样。而每个人都是凭借内里的一套BVR去处理眼前出现的每一件事，所以，对于发生的同一件事情，没有两个人的感受、情绪、思想状态、反应及其产生的意义能够一样。

很多人都明白和接受这个道理，但同时，却又往往用相反的态度去处理一些情况。所以会经常听到这样的抱怨："真不明白为什么大家都接受了这个计划，他还是不肯接受。""人人都是这样做啦，他是没有理由拒绝的。""我们已经为他设计了对他最好的方案，可是他却反对。""我们都觉得这样最好，你还是同意吧！"这些抱怨、这些做法，不都与这个道理背道而驰吗？

我们的BVR，随着时间、随着我们的成长（因为每一件在每一天每一刻的生活中发生的事）而有所改变。所以，我们在不断地改变。例如，你看这本书，从开始看到这里，假定你用了一个小时，无论你同不同意所看过的内容，你的BVR与一个小时之前相比，一定已经有不同。这种不同是在看每一页书，甚至读每一句话的过程中慢慢产生的。同样地，每天发生在我们身边的每一件事，都会在我们的脑里形成BVR的变化。所以，没有一个人能够停顿下来，保持不变。你也许有过这样的经验：在两个不同的时间，某人对你说过同样的一些话，两次里你内心的感觉和反应是不同的。这便证明每一个人都处在不断的变化中。既然人在不断地变，我们与另一个人的沟通方式便不能一成不变了。若想达到良好的沟通效果，不能只凭自己认为应该怎样说和做，或者过去这样说和做有效果，便闭上眼睛去说同样的话和做同样的事。我们必须根据现场对方的状态去设计有效的话语和行为。

　　一份诚意，几分觉察，些许技巧，点滴宽容。轻松地面对沟通、智慧地处理沟通吧。一旦学会了沟通，整个世界都会对我们微笑。

拓展视野

有效沟通的八点启示

一、有效的双向沟通的先决条件是和谐的气氛。

二、没有两个人是一样的,没有一个人在前后两分钟里是一样的,因此沟通的方式不能一成不变。

三、一个人不能控制另一个人,也因此不能推动另一个人。每个人都只能自己推动自己,所以应给别人一些空间。

四、沟通的意义取决于对方的回应。强调说得对不对没有意义,说得有效果才重要。

五、对方是不是这个意思或者是否已经明白你的心意,只有对方才能决定。不要假设,若不肯定,找他谈谈。

六、可以直接谈的不要经由第三者。带着坦白、诚恳、关怀的心,什么都可以谈。

七、两人之间的共同信念与共同价值越多,沟通会越有效果。

八、凡事至少有三个解决方法。若已知的方法不管用,总可以找出变化和突破。

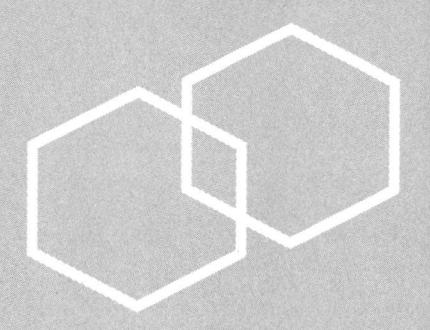

第八章
检定语言模式

语言显露一个人心态和思想的深层内涵，同时我们可以运用语言去改善自己及别人的心态和思想，因而改变行为和结果。"良言一句三冬暖，恶语伤人六月寒"说的正是这个道理。恰当使用正面词语，利用大脑接收语言的规律，能够让我们目标明确、内心清晰、拥有力量感，因此活得更阳光、更积极。

语言是思想的物质外壳，是我们传递信息、交流思想、表达感情的一种工具。不管是内心里的自言自语，还是口头上的千言万语，也不管是鲜活灵动的口语，还是严整规范的书面语，语言的使用，都最直接地反映着人类的思维、信念和价值观。虽然我们不必追求巧舌如簧、妙语连珠，世界上也不可能每个人都能达到锦心绣口、喷珠吐玉的境界，但多数人可以自如地使用语言进行交际。恰当、贴切与有效地使用语言，在日常生活中，既可避免不必要的沟通误会，也可做积极响应，使事情朝着更理想的方向发展。

语言是人类世界极其重要的一部分。这里说的"语言"，包括经由口头或笔头表达出来的话，也包括自言自语或者内心对自己说的话。每一句话中的文字都会表达一些意思，但这些意思并不能传达出说话者内心对所说事物的全部观念和意义，尤其是该事物对说话者的信念、价值观和规条的影响。正所谓"言不尽意，不落言筌"。这些没有说出来（其中很大部分根本不可能说出来）的种种意思，统称为"深层结构"（deep structure），它们存在于说话者的多个潜意识层面里，而语言表达出来的意思则存在于说话者的意识层面，称为"表层结构"（surface structure）。

对语言的研究也是NLP中极其重要的一个部分，尤其是检定语言模式的建立，使人们可以快速准确地抓住语言的要害，通过它洞察自己的内心世界，把握别人的真正意图，全面提升自我觉察能力、分析问题能力、沟通能力、谈判能力和心理辅导方面的功力等。检定语言模式是 NLP 的重要瑰宝。因为它能使一个人有效和迅速地提升自己的思想能力，使自己的信念、价值观和规条有所改变，最终让我们对自己人生中种种事情的态度出现更成熟、更有效果的改变。如果有人问我只学习 NLP 一种技巧，我会推荐什么，我的回答会是：检定语言模式。

❖ 恰当使用正面词语

语言能显露一个人的心态和思想的深层内涵，同时我们可以运用语言去改善自己及别人的心态和思想，因而改变行为和结果。"良言一句三冬暖，恶语伤人六月寒"说的正是这个道理。事实上，对自己及身边的人，我们也经常用语言操纵着自己和他们的心理状态。

在我们的意识和潜意识之中，所有的情感、思想、欲念、感受，都似一团模糊不清的星云。目前的科学还没有准确把握语言究竟是怎样编码、生成的，哪怕是最先进的口语或写作教材，也无法教会人们按照特定的流程、特定的方式出口成章或妙笔生花。尽管如此，我们经过大量研究，发现大脑和语言之间，还是有些规律可循的。规律之一就是，人类的大脑有一个奇怪的特点，就是不能接受含有"不"字的指令。

想象你是餐厅的经理，正在招待我这个顾客，我点菜说："我不吃牛肉、不吃螃蟹、不吃辣的东西、不要油炸的东西。"你会问我："那你想吃什么？"假如我只重复前面的话语，最终你会说："先生，我没有办法为你做什么，因为你还没有告诉我你想吃什么。"

现在，看看以下的指示："你不可以想老虎，绝对不可以想老虎，大老虎不可以想，小老虎也不可以想，就算是白色的老虎也不可以想。总而言之，你不可以想老虎，不可以想老虎！"现在，检查一下你自己：你正在想什么？对了，你在想老虎！

你也可以试试接受以下的指令："你不可以想老虎，但是可以想一只鬃毛很长的狮子；不可以想一条黑白相间的蛇，但是可以想一只有红色和绿色羽毛的鹦鹉；不可以想一只白色的企鹅，但是可以想一条蓝色的鱼。"回忆一下，你是否不可以想的也想、可以想的也想？指令包含六种生物，其中三种是"不"可以想的，另外三种是可以想的。把那三个"不"字删除掉，全部六种都是可以想的了。你刚才在脑子里想过六种生物，不是吗？

我们的脑袋凡是收到含有"不"字的指令，总是把"不"字删除。这样的结果只有两点：

（1）你不想对方做的事，他偏偏就做了。

（2）他不会去做你想让他做的事，因为你还没有告诉他。

基于以上的道理，下面的句子没有意义：

（1）我不要紧张。

（2）你不要生气。

（3）他总是不合作。

（4）不要老是想着失败。

应当改变为：

（1）我想放松（或成功）。

（2）你先让自己平静一点。

（3）他是可以合作的。

（4）想想如何能够成功。

恰当使用正面词语，利用大脑接收语言的规律，能够让我们目标明确、内心清晰、拥有力量感，因此活得更阳光、更积极。

❖ 检定语言模式

检定语言模式（the meta model of language），是 NLP 最重要的技巧之一，是理查·班德勒和约翰·葛瑞德在 1975 年发展完成的一套语言技巧。他们在研究完形疗法的宗师弗里茨·皮尔斯和家庭治疗大师维吉尼亚·萨提亚在治疗工作中运用的语言时，发现这两位大师有一套极为有效的发问技巧，从受导者口中取得大量有用的资料后，又有另一套发问技巧，使受导者重组他的内心世界，因而在思想、心态及行为上有所改变。检定语言模式便是由此发展出来的。

"Meta"源出于希腊文，意为超越（beyond，over，on a different level）。检定语言模式教我们如何用语言去澄清语言，使我们有驾驭语言的能力：不被语言所困惑，不误以为语言就代表真实，而能够去挑战语言的不足，去探索一段话语中的逻辑，因而掌握一套有效思考的技巧（good critical thinking skills）。检定语言模式会显露受导者的话语和他对世界的看法里被忽略的数据，这些数据往往便是使受导者过去受困的原因。

所有的话语，都始于内心深层的一些意念（深层结构），经过扭曲、归纳和删减三个程序的不断运用，终于形成一些文字语言。因为来自内心深层，所以一个人的话语总是在显示他的身份、信念、价值观和规条。

程序 1：扭曲（distortion）

我们需要把储存在深层结构的数据简化才能有效表达，而在简化的过程中，很多数据被扭曲了。换一句话说，我们在对一件事情的认知过程中，必有扭曲的情况出现，例如一个人看到树影中的绳子而喊"有蛇"——这份扭曲的能力使我们能够享受音乐、美术、文艺等。我们也能看着一朵天上的云而幻想出动物或人物。比如，每当我们用某种动物或植物去形容一个人的时候，我们便是在做"扭曲"的工作。

程序 2：归纳（generalization）

当新的知识进入我们的大脑时，大脑会把它与我们本有的类似数据做出比较和归类，这个程序是我们能够学得如此多和快的原因。把人、事、物归类能使我们定义出它们在我们人生里的意义与地位，让我们能够有效地运用它们。比如，每当一个人说"总而言之"或类似的话时，他便是在运用"归纳"的技巧了。

程序 3：删减（deletion）[①]

我们必须把深层结构中的大部分内容删减。我们的大脑每秒钟接收到大约 200 万项数据，它必须把绝大部分的数据删减。同样，一件事情储存在大脑里有极多的细节，我们在说话时，只能提及它极少部分的资料。（我们总想用最简单的字去说出内心意思，所以"删减"存在于每一句话中。）

检定语言模式就是侦察出说话者的话语中出现的某些模式，运用询问问题的技巧把上述的三个程序还原，从而把导致困扰的深层结构数据呈现出来。

检定语言模式是一套很有效的方法，可以用来搜集数据、澄清意义及打破一些自设的局限性思想。当一个人对情况不满意时，一个恰当的问题能够把他的思想状态带到一个完全不同的方向，从而发现过去忽略了的意义及方法，改变他以后的行为和成就。

---

① 陈威伸先生在检定语言模式的翻译工作中，给了我很多宝贵的意见，三类语法的名称——"扭曲""归纳"和"删减"便是他的杰作，谨在此向他致谢。

在日常生活中，我们可以在很多方面运用检定语言模式。在自己身上运用检定语言模式，会大大增强清晰思考的能力；在别人身上运用检定语言模式，能够判断或诊察其背后的意义、因由，从而达到帮助与治疗的目的。所以，检定语言模式是既能助人亦能助己的工具。

检定语言模式是NLP辅导技巧的重要工具之一，这方面的纯熟往往决定辅导工作的效果。理查·班德勒说过，NLP的所有东西都是从检定语言模式中产生的。不好好地掌握检定语言模式，一个研究NLP的人将不能明白如何有效地"模仿"——而模仿正是NLP的精髓。

在进行心理辅导时，扭曲类的模式常在情感关系问题的案例中出现，归纳类模式则往往在能力问题的案例中出现，而删减类会在意思纷争中出现。

其他NLP书籍或课程，容易见到哪个模式属于扭曲、归纳或删减类的归类差异，甚至争论。最常见的是虚泛式属扭曲类还是删减类。其实虚泛式兼有两类的性质，我认为纳入哪一类是形式上的问题，无须花太多时间去搞清楚。至于检定语言模式总共有多少个语法，根据我接触到的数据，从十二个到二十个都有，存在不同版本。在以下的介绍中，我把性质相同的不同语式对应纳入名词不明确式、动词不明确式和虚泛式。我的目的是，在包含最大限度的数据的同时，用最简单的方式让大家觉得容易掌握。

有些视觉型和感觉型的朋友也许会觉得检定语言模式较难掌握。的确，听觉型的人也许会最快学会这个技巧。但是，在NLP的学习之中，掌握起来让你最感困难的技巧，往往就是你最需要的，况且，大家都知道卖油翁的故事，"无他，唯手熟尔"，多运用自然会熟能生巧。希望辅导效果快速提升的朋友，检定语言模式更是必须熟练掌握的工具。

检定语言模式之语式分类表

扭曲类（distortion）

（1）臆猜式　　　　　　　　（mind reading）

（2）因果式　　　　　　　　（cause-effect）

（3）相等式　　　　　　　　（complex-equivalent）

（4）假设式　　　　　　　　（presuppositions）

（5）虚泛词式　　　　　　　（nominalization）

　　包括"单一价值词"　　　（one-value terms 或 static words）

　　"虚假词"　　　　　　　（pseudo-words）

归纳类（generalization）

（6）以偏概全式　　　　　　（universal quantifiers）

（7）能力限制式　　　　　　（modal operators）

　　包括"可能性"　　　　　（modal operators of possibility）

　　"需要性"　　　　　　　（modal operators of necessity）

（8）价值判断式　　　　　　（judgement 或 lost performative）

删减类（deletion）

（9）名词不明确式　　　　　（unspecified nouns）

　　包括"主语不明确"　　　（lack of referential index）

　　"宾语不明确"　　　　　（unspecified nouns）

　　"身份词不明确"　　　　（identity/identifications）

　　"定义不明确"　　　　　（over/under-defined terms）

　　"形容词不明确"　　　　（unspecified adjustives）

（10）动词不明确式　　　　　（unspecified verbs）

包括"副词不明确" （unspecified adverbs）
（11）简单删减式 （simple deletion）
（12）比较删减式 （comparative deletion）

◆ 扭曲类语式

臆猜式

说话者以为知道另一个人的内心看法或感受，其实只是臆猜。臆猜式很容易辨认，因为说话的内容明显地只有另一个人才能决定。例如，男士对女士说："你这件衣服很难看！"这是男士主观的判断，他自己可以决定。但如果他说："你一定后悔买了这件衣服！"这便是臆猜式，因为男士不能决定女士是否后悔，这完全只有那位女士才可以决定。

例子	化解
"他不喜欢你送的礼物。"	"你是怎么知道的？"
"他不同意这个意见。"	"何以见得呢？"
"他想追求我嘛！"	"什么事使你有这种感觉？"

因果式

因果式涉及"责任"上的问题。说话者认为一件事情的出现导致另外一件事情的产生。其实二者之间可能绝无关系，或者第二件事情根本不会发生。因果式往往由于以下文字的存在而显露出来：因为、所以、故此、于是、使、令等。有时也不需要这类的连接词，句子的意思本身已很明显。例如："他没有来，你这次输定了！""没有他的帮助，我怎会成功？"

在辅导中，两类情况的受导者的话语中常出现因果式的句子：

（1）觉得自己无力处理自己人生里的事情，常受别人和环境的因素所控制。例如："这种天气使我无心工作。""他的话使我生气。"

（2）觉得自己应该为别人的情绪负责，以为自己可以控制别人的人生。例如："我常常使他失望。""因为我没有迁就她，所以她不快乐。"在"互相依靠"类（co-dependence）的辅导需要里，因为自己的人生界限（boundary）意识不够清晰，往往要别人做自己的情绪保姆，同时也以为必须做别人的情绪保姆。两人之间因而产生的无力感、压迫感、羞愧和懊悔，使两人越陷越深，难以自拔。（参考"破框法"之二——"托付心态"）

例子	化解
"我迟到都是因为你啦！"	"是我的什么令你迟到呢？"
"这种天气使我无心工作。"	"两件事之间怎么会有关系呢？"
"因为我没有迁就她，所以她不快乐。"	"你如何不迁就她使她不快乐？"

"但是""可是"（英文的"but"一词）往往也产生因果式的效果。

例子	化解
"我很想帮你，但是我太累了。"	"为什么你的疲倦使你不能帮助我呢？"
"你是能够成功的，可是你太不听话了。"	"为什么不听话会使我不能成功呢？"

相等式

句子中有两个意思，说话者认为它们是相等的。往往其中一个是可见的行为，而另一个则是不可见的感觉或意义。（从理解层次的角度看，前者是环境/行为，而后者是能力或信念价值，而硬要把它们定为相等。例如："你今天没有给我打电话，一定是你不再爱我了！"）相等式往往有这些字出现：就是、等于、即是、是……就，或者干脆不用连接词。

例子	化解
"不赞成就是反对！"	"为什么'不赞成'等同于'反对'？"
	"不赞成除了反对，还有哪些意思？"
"我倒的酒你不喝，就是不给我面子。"	"为什么'不喝你的酒'就是'不给你面子'？"
	"不喝你的酒，还会有其他意思，对吗？"
"你这么长时间都不打电话给我，不记得我啦！"	"为什么只有打电话给你才能证明我记得你？"
	"有没有人虽没打电话给你，但仍记得你呢？"

假设式

句子意思的成立取决于一个没有说出的假设基础。假设式的话语透露说话者的一些信念（关于人生、世界、自己、别人等）。因此聆听假设式的话语会让我们知道说话者的人生观。化解的方法是找出那没有说出的假设。

很多假设式的话语往往用"为什么"三字开头，这些都是埋怨的说法。

其实假设式经常出现，尤其是商业广告里面有很多，例如：

例子	化解
"为什么你不吃这盘烧鸡？"	"什么使你认为我不吃它？"
"为什么你不好好照顾我？"	"什么使你认为我应该照顾你？"
	"什么使你认为我不是在好好照顾你？"
"你不会又骗我吧？"	"什么使你觉得我过去骗过你？"
	"什么使你觉得我这次骗你？"
"请挑选你最喜欢的款式。"	假设："里面有你喜欢的款式。"
"全城最好，请快申请。"	假设："最好是你所追求的。"
"没有杂费，你大可安心享用。"	假设："你只担心杂费一项。"

消解假设式说话的不同方法：

"什么使你觉得/认为……？"

"何以见得？"

"是什么使你认为……？"

"你如何知道……？"

"谁说……？"

虚泛词式

说话者的句子中有一个名词，但这个名词代表的东西不能握在手中，这种名词称为虚泛词，是口中满是大道理的人最常用的语言模式。其实，虚泛词代表一些人生必须面对但往往难以定义的抽象事物，背后是说话者的一些局限性的信念、价值观和规条，没有经过深入和清晰的思考，但被认为理所当然，别人也是支持的。

测知一个名词是不是虚泛词，除了上述的不能把握和掷地无声之外，还可以尝试在该名词前面加上"绝无"或"无穷"二字。若能如此，这个名词当是虚泛词。虚泛词能融合众人对同一件事情的不同看法和期望，因此最为政客所乐用。以下的一些虚泛词例子使我们看到它们在人生里的地位是如此重要，而我们对它们所知的却那么少（试着说说你对每个词的解释）：自由、道德、教育、安全、尊敬、人权、公平、纪律、爱情、情绪、智慧、友谊、和谐、婚姻、沟通、管理、行为……

虚泛词事实上是把一个过程虚泛化——使它成为一个名词，因此，虚泛词往往可以经由"名词转为动词"的方式而清晰化：

例子	化解	化解
"我们缺乏沟通。"	"你想你们怎样沟通？"	"我想每天都有时间大家坐下谈谈。"
"我的胃得了溃疡。"	"你做了什么而得了胃溃疡？"	"我每天工作14个小时，又食不定时。"
"自由最宝贵。"	"你想自由地做什么？"	"我想可以选自己喜欢做的工作，可以无须担心金钱。"

有两三类近年出现的虚泛词被另外定义和归类：

1. 单一价值词（one-value terms，或 static words）。

例子	化解
"科学认为……"	"这个'科学'是根据什么标准和理论定出来的？"或者"什么是科学？"
"专家说……"	"所谓'专家'包括什么人，用什么标准定的？"或者"哪些专家？"

2. 虚假词（pseudo-words）。

例子	化解
"这使他成为一个悲剧！"	"用'悲剧'一词代表一个人，你指的是什么事呢？"
"整个过程是一场梦。"	"你用'梦'来形容这次经验，是因为过程里的什么事？"

练习：检定语言模式——扭曲类。

（1）你用心读书，便是孝顺我。

（2）我知道他不想出席颁奖仪式。

（3）你不要如此过分啊！

（4）沉默即是投降。

（5）你今天的成功，全靠我。

（6）你比你哥哥还笨。

（7）他们不会想去参加比赛的。

（8）我一出现，他便会失去斗志。

❖ 归纳类语式

以偏概全式

说话者以一种经验去认定所有类似情况都会如此。这使说话者看不到事情有种种不同的可能性和机会，因而不能发展出解决或者突破的思想和行为，这个模式的话语表现出一种"绝对"的意思，以偏概全式常有以下的文字出现：所有、永远、永没有、每一个、没有一个、总是、从来、向来、经常、完全、绝对、时时、日日、常常等。化解的方法是找出例外，或者顺其意而夸大至可笑的程度。

例子	化解
"他从来都不能好好地和我谈谈。"	"从来？甚至在结婚的时候？"
	"我在想，既然他从来都不能好好和你谈谈，你俩怎样相识、恋爱、结婚的？"
"你没有一次做得好。"	"在你眼中，我真的从来没有一次做得好？"
	"照你这样说，我未来的几次也不会做得好了，对吗？"

"真的没有？从来都没有好的法官出现？"

"没有一个法官是好人！" "所以现在关在监狱中的都是好人，而在社会上自由行动的都是坏人了，你是不是这个意思？"

能力限制式

说话者内心对事情的合理性或者可能性有一些错误的信念，从而形成一个框框来限制自己，并在说话中表现出来。这些限制性的框框使说话者看不到事情可以有的解决或突破方式，因而陷入思想困境之中。限制式有两种：

1. 可能性（model operators of possibility）。

从以下的文字测知：可以、不可以、可能、不可能。"可能性"其实有两个意思：第一个是有或没有一种能力，第二个是有能力，但选择运用或不运用这种能力。（英文中最具代表性的就是"can"或"cannot"两词。）

"可能性"的限制或说法显示说话者把自己放在不惬意的选择框框中，化解方法是帮助他注意框框之外的种种可能性。"我不能放松"是把自己困在一个狭窄的框框中，框框之外就是放松。试想：他以前必须体验过放松，才能知道什么是放松，他做了些什么使自己继续困守在那个小框框中呢？

例子	化解
"我不能这样放弃。"	"放弃了会有什么情况发生？"
"我不可以放松。"	"什么阻止你放松？"
"我不能叫自己静下来。"	"你怎么令自己不能静下来？"
"你不可以带他走。"	"我带他走会有什么情况出现？"

2. 需要性（modal operators of necessity）。

从以下的文字测知：应该、不应该、必须、必须不（英文中should,

should not，ought，ought not，must，must not 等）。需要性说明的是一些规条的存在，这些规条往往限制了实现信念价值的最佳可能的出现。"你应该……"，这类话语往往在指责别人，这是企图给聆听者制造出犯罪感。常用这类话语的人多是内心的自我价值不足，想控制别人。这类人不满意自己缺乏能力，因此容易产生不满情绪及找机会埋怨别人。

化解方法与上面的一样：

例子	化解
"你必须保持沉默。"	"不保持沉默会有什么情况出现？"
"我一定要看电视才能睡觉。"	"你怎样令自己睡觉前总想看电视？"
"他应该先问问我再做。"	"不先问你就做会有什么好处？"

价值判断式

句子明显地显示出一个价值的判断，但没有说出这个判断的来源。找出判断的来源，我们才能质疑话语的真实性。

例子	化解
"男子汉不应哭！"	"谁说男子汉不应哭的？"
"这是很笨的行为！"	"谁说的？""谁定的标准？"
"谦虚只会招来欺负！"	"由谁来决定？""凭什么这样说？"

中国传统文化里有不少"不知出处，但总错不了"的思想，强行把一些泛定价值抖出来，使听者不知如何招架，都属价值判断式。

例子

"乱世出英雄。"

"忠忠直直，终须乞食。"（广东俗语）

"无事献殷勤，非奸即盗。"

练习：检定语言模式之归纳类。

（1）我不能放松。

（2）总是如此结果。

（3）你应该奋发一点。

（4）乱世出英雄。

（5）他永远都是这样无情。

（6）四海之内，皆兄弟也。

◆ 删减类语式

名词不明确式

一句之中的主语、宾语或形容词（包括名词或代名词，除了"虚泛词"）不够清晰。这个模式包括以下的不同性质。

1. 主语不明确（lack of referential index）。

例子	化解
"他们希望我死！"	"谁希望你死？"
"谁都会这样想啦！"	"你说的'谁'指什么人？"
"这生意有的做！"	"你指的是什么生意？"

2. 宾语不明确（unspecified nouns）。

例子	化解
"不要吃太多水果。"	"你指的是哪些水果？"

217

"快点找个人来！"	"快点找个什么人来？"
"找份工作吧！"	"找份怎样的工作？"

3. **身份词不明确**（identity/identification）。

例子	化解
"他是一个庸人！"	"你说的'庸人'指什么意思？"
"我是和平使者！"	"你的什么特质能显出'和平使者'的身份？"
"他是一个胜利者！"	"他的什么使他成为一个'胜利者'？"

4. **定义不明确**（over/under-defined terms）。

例子	化解
"她找到了一个好丈夫！"	"他的什么行为使他被称为'好丈夫'？"
"你不能做和事佬！"	"是什么让他不能做'和事佬'？"

5. **形容词不明确**（unspecified adjustives）。

例子	化解
"那正是一个不太方便的时刻！"	"对谁不太方便？"
"某些人会说好！"	"你的'某些人'是指谁？"
"这会吸引一些聪明人来！"	"那些人有着怎样的'聪明'？"

动词不明确式

这个模式指的是一句之中的动词所描述的行为不够清晰。日常生活中很多习以为常的动词其实含义很虚泛，例如：伤害、处理、关心、照顾、交代等，往往因为人与人之间对同一个动词的理解不同而引起问题。

中文的语法允许一句话之中没有动词，有时副词就包含了动词的作用，例如:"你很自私。"

中国人的生活词汇中充满了不清晰的动词和副词,以下是一些特别常见的例子:

普通话:摆平、调动(情绪)、抹黑、强出头、见(不得)光、很帅。

广东话:搞掂、执生、屈、去(蒲)、去(wet)、好(yeah)、好激、好老土。

1. 动词不明确(unspecified verbs)。

例子	化解
"他伤害了我的自尊心!"	"他怎样伤害了你的自尊心?"
"这件事很难处理!"	"这件事怎样难处理?"
"他们应该交代一下!"	"他们应该怎样交代呢?"

2. 副词不明确(unspecified adverbs)。

例子	化解
"他很自私!"	"他怎样做使你觉得他很自私?"
"他不够积极!"	"他怎样不够积极呢?"
"这件衣服难看死了!"	"这件衣服什么地方难看死了?"

简单删减式

句子的意思不完全,好像有一部分被删去了。找出删减了的部分,往往也就是解决的途径。

例子	化解
"我不明白!"	"你不明白什么?"

"我很不甘心！"　　　　　　"你不甘心什么？"

"我怕！"　　　　　　　　　"你怕什么？"

运用下切的说话技巧，我们可以追问到问题的核心。

例子　　　　　　　　　　　化解

"他不好！"　　　　　　　　"他什么不好？"

"他对我不好！"　　　　　　"他什么事对你不好？"

"他在家里对我不好！"　　　"他在家里怎样对你不好？"

比较删减式

句子的意思明显地指出有一个衡量的标准，但说话者没有把这个标准说出来。常见的词有好、坏、多、少、差之类的形容词，以及这些词的比较级词，例如"好""更好""最好""差""更差""最差"等。

例子　　　　　　　　　　　化解

"我表现得很差！"　　　　　"与什么比较？"

"不做更好！"　　　　　　　"与什么比较？"

"××牌洗衣粉最耐用！"　　"与什么比较？"

练习：检定语言模式之删减类。

（1）你太自私了！

（2）他们根本不关心我。

（3）没有人想得到。

（4）我受的教育不多。

（5）那太不像话了。

（6）我后悔。

（7）他越来越差了。

（8）没煮熟的东西很难吃。

（9）他不应持这样的态度。

（10）那还未算专业呢！

（11）没有事便不来找我。

（12）本大厦不得饲养宠物。

（13）他最好。

（14）太不像话了！

◆ 运用检定语言模式的注意事项

    检定语言模式如此锐利和有效，于是曾有一些人仿佛拿到一把渴望已久的宝剑一样，不管对谁、无论什么场合都是一顿狂舞。岂知这是一柄双刃剑，既能助人，亦能伤人，当你运用不恰当的时候，就不会得到想要的结果，甚至遭遇一些意想不到的麻烦。因此，在辅导中运用检定语言模式，除了纯熟之外，还要注意以下方面。

    1. 先建立和谐气氛和双方同意的意图和目标。

    处理问题时，应先处理扭曲类语式，然后处理归纳类语式，最后才处理删减类语式。因为每一句话里面都有不少删减类，若从这类着手，将会耗费大量时间。扭曲类通常都有很大的影响力，涉及理解层次之中的较高层次，由扭曲类开始，我们比较容易很快了解说话者的深层结构。

    一句简单的话便可能有数个语式出现，应该先决定想要的是什么效果，然后选择最适合的一个语式着手。做选择时应考虑受导者的环境因素。很多话语里的语言文字会显示出不止一个语式的可能性。无须计较这点，能够帮助对方处理和解决困扰才最重要，把效果作为考虑的依据。

检定语言模式中的每一个语式本身都没有好坏对错之分，而完全决定于运用的时间、地点和实际的效果。事实上，一个人不可能说话之中完全没有任何语式，NLP 辅导技巧中的"提示语言模式"（milton model）还故意运用检定语言模式去达到效果呢。

2. 不应把语式看作是对方的错误。

它们的出现让我们有机会帮助对方把说话的深层结构数据找出来，从而提升他的内向沟通和外向沟通能力。为了避免得到过多的数据，使得过程沦于散漫、失去焦点或浪费时间，每次开口时先问问自己："我是否真的需要知道这些数据？我的目的是什么？"发问也有多种方式，应该选择婉转、高雅和轻松的方式，不应把交谈变成审问。

拓展视野

有效的谈判技巧

谈判有一个奇怪的特点，就是双方总是对立的，而同时双方都想做点工作，让这种对立在某些事情上消失。奇怪的是：他们想保持对立而同时想不对立！还有，如果一方有能力或者想把对方打倒，他们是不会谈判的，背后的原因可能是能力不足以打倒对方，也可能是不愿承受打倒对方后要付出的代价。这就是说，所有谈判有两个基础条件：

（一）双方想在某件事情上消除对立。

（二）不准备以打倒对方的方法去解决事情。

这两点也是双方是否诚意谈判的底线。的确有人或企业不成熟地以为可以说服对方完全接受自己的条件，或者老是炫耀力量给予对方威胁，他们的谈判是不会成功的。

"谈判"跟"妥协"不同。"妥协"是双输：双方都得不到所想要的；"谈判"是双赢：双方都得到自己真正需要的。已经发展出来的谈判技巧有很多，这里只提供几个要点：

（1）预先定下一个"比没有协议更好"的底线。这是底线，未到最需要的时刻，不要让它全部显露出来。

（2）写下我方"绝对需要"的清单。"绝对"就是绝对，不要贪心想得到一切。易位而坐，若是这样，谈判怎会成功？倒不如不谈了。

（3）写下一张"对方需要"的清单。这是尽你所知对方最在乎的一些价值，也是你准备让对方得到作为我方得到自己最在乎的价值的交换项目。

（4）写下一张"双方认同"的信念、价值观和规条清单。这张清单的内容，应该在谈判开始时尽早表达出来，它们会建成一个很重要的沟通和相互了解、相互让步的基础平台。

　　写下这些之后，你就清楚该在谈判中运用什么样的语言了。当然，检定语言模式在这种场合绝对可以一试身手。

第九章
情绪

情绪并不单纯因为外界的人、事、物产生，而是本人的信念系统与外界的人、事、物共同作用的产物，它绝对诚实可靠和正确，最能体现我们真正的感觉。把自己的情绪感应幅度尽量扩大，正面情绪我们充分享受、完全拥有，负面情绪我们通过方法去处理，不断进步，享受人生。

人有悲欢离合，月有阴晴圆缺。披览古今，多少故事因主人公恣意放纵情绪而以悲剧告终？环目四顾，多少人生因受到情绪的困扰而黯淡无光？人生的最高境界，也许应该是淡定从容中蕴蓄积极果敢，宽容大度中包含对未来的信心和憧憬。然而，身处于繁杂多变的社会，濡染于庸常琐碎的现实，很多人无法从各种各样的情绪中超脱。因此，家庭、生活、学习、工作都受到不良情绪的影响。

叩问内心，梳理生活，我们发现，其实情绪并非如我们想象的那样难以调控。重视它、理解它、尊重它、引导它，我们不但不会成为情绪的奴隶，而且能利用一些负面情绪的正面价值，令我们的人生更多滋多味、丰富多彩。同时，能让我们穿越心灵的重重迷障，更轻松惬意地前行。

❖ 什么是情绪

情绪是人生中最具影响力、最重要和最基本的题目，同时也是人类历史上最容易被忽视、最少研究的题目之一。每一个人都以为自己知道情绪是什么，直到他想开口解释这两个字的意思，才发觉有困难。

在人类历史中，很少有人研究情绪。1884年，美国心理学之父威廉·詹姆斯（William James）发表的文章 *What Is Emotion?* 被公认为心理学第一篇关于情绪的文章。中国文化中有不少关于情绪的描述，但是多把情绪看作超越人、控制人的东西，这对人如何管理情绪没有多大帮助。所以，真正研究情绪与人的关系、对人生的意义与价值，人怎样管理和运用情绪以使人生更成功、快乐的工作，中外都欠缺。同时，中国人比外国人更不善于表达情绪。

世界上研究情绪的专家们，至今没有两个人对"情绪"二字有完全一致的定义。简单地说，我们可以暂且接受以下的定义："情绪是内心的感受经由身体表现出来的状态。"

情绪的真正来源

传统上人们认为情绪总是因为某一些人、事、物出现才会产生，而只要这些人、事、物出现，那些负面情绪便无法不产生。其实情绪的真正来源是人们内心的一套信念系统（信念、价值观、规条）。外来的事物只不过是诱因而已，内在的信念系统才是决定因素。试举一例：如果有一天你来听我讲课，两个小时很快就过去了，然后是20分钟的休息。休息过后，你刚坐下，我就因为一些很小的、没什么意义的事情指责你，接着对你大发脾气，越骂越凶，而且当众对你说出一些很难听的话。这个时候，你心里冒出一股怒火是很自然的事吧？这就是说，我的行为引起了你的愤怒情绪了。

可是，假如你在刚才休息期间接到朋友打给你的一个电话，告诉你刚收到消息，原来李中莹昨天刚从精神病院出来。你因为已经坐下，并看见我已在前面，所以你马上结束与朋友的谈话，把手机收了起来。就是在这个时候，我做出与前面完全相同的行为：因为一些很小的事情对你大发脾气，越骂越凶，而且当众对你说出一些很难听的言语。现在，你心里有的情绪只怕会是恐惧和担心吧？

完全一样的行为却引起了完全不同的情绪反应，这证明了事情本身并不决定情绪。两次反应中，你的信念、价值观和规条有以下不同：

	第一次	第二次
信念	做老师不应该这样	从精神病院出来的人不可理喻
价值观	别人以为我很不好	安全至上
规条	有什么事可以私下跟我谈	需要与这个人保持远一点的距离

因为没有两个人是一样的，所以没有两个人的信念系统会是一样的。也正因如此，对同一件事情，每个人的情绪反应往往会有所不同。文艺理论家所说的一千个读者心中会有一千个哈姆雷特，一万个读者心中会有一万个林黛玉，正是这个道理。

从上面的例子中，我们还可以推论：

（1）改变一个人的信念系统，就可以改变事情带给他的情绪。

（2）信念系统是自己培养建立、修正提升的东西，所以情绪，乃至人生成就，都是自己可以控制的东西。

换个角度看情绪

人类在对情绪的认知中，的确有很多误区。

1. 哭泣不是情绪。

很多人把哭泣当作一种负面情绪。哭泣不是情绪，更不是负面情绪。一个人在悲伤时的确会哭泣，但是我们也见过喜极而泣、怒极而泣等情况。一个人在十分焦急、担心、激动、恐惧、感激，甚至当内心充满爱、祥和、满足、喜悦的时候，也会哭泣。既然什么情绪里都会有哭泣的现象，哭泣本身当然不是情绪。

2."不开心"不是某种情绪,而是负面情绪的统称。

很多人被问及有什么情绪时,会回答说:"不开心。"不开心不是情绪的一种,而是一些负面情绪的统称。世上所有的情绪可以被分为两类:开心与不开心。只不过人们过去很少注意自己的情绪感受,对自己内心究竟是怎么回事所知很少。

准确知晓情绪的种类,并不能帮我们彻底解决问题,因为不少人认为:

(1)情绪是与生俱来的——"我天生就是多愁善感的。"

(2)情绪是无可奈何、无法控制的,既无从预防,又无法驱走——"不知何时才能消除惆怅!"

(3)虽然认为情绪是无法消除的,但同时又要求别人把情绪抛掉——"不要把情绪带回家!"

(4)情绪产生的原因是外界的人、事、物——"一见他那个模样我就生气!"

(5)情绪有好坏之分:愉快、满足、安静就是好的;愤怒、悲哀、焦虑就是修养不够——"不准在客人面前这个样子!真丢脸!"

(6)对于不好的情绪,只有这两个处理方法:不是忍在心里,就是爆发出来——"我有什么办法?不忍,难道发火?"

(7)情绪控制人生——"最近没有心情,什么都不想做。还是等心情好的时候再说吧!"

(8)事情与情绪牢不可分——"每次他这样我都生气,这十年我过得真辛苦!"

这些都是错误的见解。先不说它们为什么是错误的,想想如果上述信念正确的话,那等于说:每个人的情绪状态完全由外界事物所控制,而情绪衍生出行为,行为产生正面或负面的效果,这些效果的累积决定了人生里的成就(或者没有成就)。如此,人生岂不总是处于被动、无奈之中?这样一来人如何才能突破困境、有所提升呢？

的确，今天世界上就是有很多人处于这种状态，感到无力、无助和无望。

很多人都是这样并不等于这就是正确的，而只是显示出过去人类的确严重忽略了这方面的研究。一味抱持上述信念或规条，只能使我们陷于种种情绪中而不能自拔。因此，我们需要用新的角度去看情绪对人的作用。

情绪的意义

从对人的作用，或者从"人生的意义"这个角度去看，情绪有些少为人知的意义，现总结如下：

（1）情绪是生命不可分割的一部分。

从生理学的角度分析，情绪其实是大脑中所储藏的经验、回忆和大脑与身体的相互协调与推动所产生的现象。因此，一个正常的人必然是有情绪的。

不仅如此，没有某些情绪的人其实是有缺憾、不完整的人，其人生不是有欠缺，就是极其痛苦。【可参阅丹尼尔·戈尔曼（Daniel Goleman）的《情商》】

（2）情绪绝对诚实可靠和正确。

除非我们内在的信念、价值观和规条有所改变，否则，对同样的事我们会自然地有同样的情绪反应。如果你是一个对某些说法或者事物特别反感或者害怕的人，一旦偶然遇上，你不是每次都会出现惊叫、跳起来或者其他行为吗？某人的嘴脸、他说的某些话，每次遇到不都会引起你同样的情绪反应吗？情绪的源起与我们的潜意识和BVR有着直接的关联，它最能体现我们真正的感觉。

（3）情绪从来都不是问题。

如果你感到不适去看医生，医生说你的额头很烫，需要做手术切除，你会觉得这个医生精神有点不正常吧？人人都知道额头很烫是身体有病的症状,可能是肠胃有毛病,也可能是感冒,但99.9%不会是额头本身的问题。症状使我们知道健康有问题,但它本身不是问题。情绪也一样,它只是症状而已,可是绝大部分人都把情绪看作问题本身(比如家长往往都针对孩子出现的情绪而加以斥责,目的只是制止情绪的出现)。情绪只是告诉我们,人生里有些事情出现了,需要我们进行处理。

(4)情绪教导了我们在事情中该有所学习、有所收获。

人生中出现的每一件事都是让我们学习怎样使人生变得更好的机会。情绪的出现,正是保证我们有所学习的动力。每种情绪都有其意义和价值,不是指引我们一个方向,便是给我们一股力量,甚至两者兼有。如果我们没有不甘心被别人小看的感觉,我们便不会发奋。正如如果我们没有痛的感觉,便不会把手从火炉上抽回。试想,如果我们没有恐惧感,生命会变得多么脆弱!

(5)情绪应该为我们服务,而不应成为我们的主人。

情绪,如果能妥善运用,是可以使人生变得更好的。只是,"运用"的前提是必须先使它臣服,受你驾驭。既然情绪是生命的一部分,就应像我们的手与脚、过去的经验、累积的知识能力等,为我们服务,使人生更加美满。

可惜的是,在今天的社会上,很多人都陷入了迷惘苦恼中不能自拔,成为自己情绪的奴隶,而不是驾驭自己情绪的主人。其实,这个情况是可以扭转的,有很多技巧可以帮助人们重做自己情绪的主人。

(6)情绪是经验记忆的必需部分。

在大脑把摄入的资料储存为记忆的过程中,把这些数据的意义固定下来是最重要的一个程序,我称之为"编码"(encoding)程序。这个程序其实是把摄入的资料与已有资料进行比较合并,所得出的模糊意思再经由我们的信念、价值观和规条做一次过滤,最后得出的意义才能纳入我们的记忆系统做长期储存。这个意义必与一种感觉并存，没有这种感觉便是没有做或者未做好"编码"的程序。何以见得？你少年时在学校熟读的书现在还记得多少？而小学三年级时被老师罚站在教室门外的一次经验却永世难忘。为什么？那便是前者没有做好"编码"工作，没有足够的感觉伴随，而后者有深刻感觉伴随的关系。若你说像《长恨歌》那么长的古诗你仍记得，那也是因为诗中的每一句，你都有很深的感觉。所以，感觉是记忆储存的必需部分。

（7）情绪就是我们的能力。

活到今天，你当然拥有很多能力，在很多事情上，你都有自信、勇气、冲劲，或者是冷静、轻松、悠然，或者是坚定、决心，也或者是创造力、幽默感，再或者是敢冒险、灵活、随机应变……所有这些能力，细想一下，你会发觉都是一种感觉，一种内在的感觉。就算有理论、技能和其他资源去帮助你，使用这些资源的原动力仍是这种内在的感觉。没有这种感觉，我们就算具备了知识技巧和冠冕堂皇的道理也都不会去做，或者不会做好。

❖ 如何管理情绪

情绪是本人的信念系统与外界的人、事、物共同作用的产物

世上所有的情绪可以被分为两类："开心"与"不开心"。这种现象让我们更加明了人们过去很少注意自己的情绪感受，而且也更加清楚人们对自己内心究竟是怎么回事所知很少。

引导人们更准确地体会和说出内心的情绪感受，我惯用的说法是：

不开心的背后，是一些什么情绪？

不开心一般不会单独存在，与它在一起的是些什么情绪？

你还可以用什么其他文字去描述这种情绪？

如果对方对情绪认识很少，这方面的词汇很贫乏，我常会加上一些建议让他选择（但从不假设或武断判定）："不开心的背后，是愤怒还是恐惧？焦虑还是无力感？"

了解了情绪的真正来源，我们就可以在情绪管理方面有所作为。

通常因为人们对情绪所知甚少，对于一些所谓"负面"情绪觉得无能为力，经常感到被它们牵着鼻子走，所以最常与"情绪"二字用在一起的动词是"控制"，"我如何能够控制自己的情绪？"其实当需要用到"控制"二字时，情绪往往已经失控了。如果有人对你说"请控制一下你的狗"，肯定你的狗已经制造出了一些麻烦！更深入地想一想："控制情绪"这几个字完全是治标性的说法，情绪出现便把它消除。这里没有考虑怎样做情绪才不会出现。若那些情绪根本不会出现，又有何"控制"的必要呢？

现在，我们明白了情绪根本不是单纯地因为外界的人、事、物产生，而是本人的信念系统与外界的人、事、物共同作用的产物，我们便可重新建立对自己情绪的管治权。

如何拥有足够的情绪管理能力

通常人们认为"有修养"就是有良好情绪管理能力的同义词，而"有修养"就是不会在人前发脾气，或者哭出来。其实，那只不过是压抑某些情绪而已，价值很低。

我认为当一个人拥有以下四种能力时，才算有足够的情绪管理能力。

自觉力：随时随地都能清楚地知道自己处于怎样的情绪状态，也就是总与自己的感觉在一起。

理解力：明白情绪的来源不是外界的人、事、物，而是自己内心的信念系统。也就是清楚了解自己的信念、价值观与规条里什么地方受到冒犯，因而产生情绪。这点也就决定了一个被环境所控制的人，如果产生了无力感，首先要做的是把自己的人生放在自己的手里。因为信念系统是自己可以改变的东西，而外面的人、事、物则是自己无法控制的。

运用力：认识负面情绪的正面价值和意义，因而可以在三赢（我好、你好、世界好）的基础上运用它，去获得更多的成功、快乐。这使负面情绪总具备正面情绪的性质和价值。

摆脱力：当某种负面情绪不能帮助自己获得更多的成功、快乐时，能够使自己从这种情绪中摆脱出来，进入另外一种更有帮助的情绪状态中。

❖ 处理本人情绪的方式

通常人们处理自己的情绪只有三种途径：

忍：隐藏在心里；
发：发泄出来；
逃：使自己忙碌，不去想起有关的事情。

三种途径都没有效果。隐藏在心里造成本人的情绪不稳定，形成很多心理症结，现在的科学研究已经证实这会引起严重的健康问题。发泄出来的方式包括发脾气（这影响了人际关系和别人对你的看法）、暴饮暴食或疯狂购物等行为，每次发泄过后还是觉得不成，经常要重复发泄，造成很大的后遗症。使自己忙碌不去想有关的事情，当时有点效果，但是每当夜深人静、独自一人时，那些引起困扰的事情和情绪便会"才下眉头，却上心头"，往往造成失眠问题。

"NLP简快身心积极疗法"中有很多处理个人情绪的技巧，可分为两个部分：治标和治本。这些技巧都很有效，能使人重新成为自己情绪的主人，掌控自己的人生，在情绪面前有所提升和突破，而不是无奈和无力。其实，所有心理困扰都会造成情绪问题。处理了问题，情绪便消失了；处理了情绪，能力便走出来了。能够面对和处理问题，问题也会更快、更易消失！

治标的技巧，可分为四类：

消除——把事情引起的情绪消除掉，再回忆那件事情，内心感到平静。这类技巧包括快速眼球转动脱敏法、消除因亲人去世的悲伤法、改变经验元素法等。比较复杂的技巧有消除恐惧法、重塑印记法、化解情感痴缠法等。

淡化——把内心的大部分情绪感受化解，只剩余轻微的感觉。这类技巧包括现场抽离法、逐步抽离法、生理平衡法、混合法、海灵格法等。减压法能减轻因压力而产生的紧张状态。如果情绪来自本人的能力欠缺，则可以运用可增添能力的各种技巧。

运用——几乎所有的负面情绪都有其正面的意义和价值，不是给我们力量便是指引我们行动方向。所以，凭着内心的情绪，我们可以做很多使自己提升、三赢的事。

配合——接受内心的情绪，做最能配合它的事。就如疲倦时不应开车，心情不好时避免做出重要的决定，愤怒和有压力时去运动而不要谈判，担忧和伤感时把需处理的事减到最少。

治本的技巧也可以分为三类：

改变本人的信念、价值观和规条——因为情绪的真正来源是一个人的信念、价值观和规条，当它们改变了，同样的事情出现时，这个人的情绪状态便有不同。这类技巧包括换框法、信念种入法、价值定位法等。如果所涉及的信念属于"身份"的层次，则自我整合法、接受自己法等会很有效。

处理涉及本人身份层次的问题——这可以是一些关于身份的局限性信念，或者与家族系统有关的身份问题。可以运用家庭系统排列方面的概念和技巧做出处理。

提升本人的思维处理能力——这类技巧，在于增加一个人的智慧，不能寄希望于学习一两个专题技巧便能达到完满的境界，而需要不断地修炼。NLP 的十二条前提假设便是属于这个范畴，若能在每一件事中都充分地实现这些前提假设，人生里绝大部分的困扰都不会出现。

❖ 处理他人情绪的方式

处理他人情绪通常会有四种没有效果的类型：

交换型——给予一些对方在乎的价值去驱使对方的情绪暂时消失，例如给小孩子糖果要他停止哭泣，带对方去唱歌饮酒以驱走情绪。这些都是暂时性的，因为没有对引起情绪的事情做任何事，只要那些价值消失，同样的情绪会再次出现。

惩罚型——把情绪看作恶毒的东西，是不应该出现的，对方应因此而受罚，就像威吓孩子说再哭便会打他。若对方是成年人，惩罚包括拒绝沟通、不闻不问、冷言冷语、斥责等。这样孤立了对方，并不能舒缓他的情绪，而只会使他产生更多的情绪。

冷漠型——认为成年人应该有能力使自己不会产生这样的情绪，或者不应把情绪显露出来，同时又认为情绪是每个人自己的事，应该自己处理。所以，这种类型的行为模式是完全漠视对方的情绪，对对方的情绪视而不见，或者示意对方应自己处理好情绪。

说教型——顾名思义，这种类型是说大量的道理，而不顾对方的感受，这很容易使对方陷入更大的情绪困扰中。

有效的方式是EQ（情绪智能）型的方式，让我们先来看看"EQ"是什么。

"情绪智能"来自英文的"Emotional Intelligence"。这个名词是因1995年美国人丹尼尔·戈尔曼所写的书《情商》而受人注意的。这本书主要的意思是指出一个人的成功，IQ（智力）只占小部分（20%），而EQ占80%。该书说EQ包含五个意思：

（1）认识自己的情绪；

（2）管理自己的情绪；

（3）有效推动自己；

（4）认识别人的情绪；

（5）处理好人际关系。

我认为只用两点便能充分解释EQ的意思：

（1）清楚认识和正确运用情绪去帮助自己；

（2）了解和分享别人的看法和感受。

整个世界都忽略了一项对人类的成长及延续十分重要的工作：培养健康的心理。这需要在孩子的年龄还是很小的时候就开始做，最好成年之前便充分完成。而教导孩子认识和正确地对待情绪是最基本的部分。这就是说，当孩子还是婴儿的时候，就应该开展情绪智能的教育工作了。

正确处理他人情绪的方法共有四个步骤：接受、分享、肯定和策划。

接受——接受是注意到受导者有情绪，接受有情绪的他并如实告诉他。例如："你看来有点情绪，愿意与我谈谈吗？"或者："我看到你有点怒气，什么事使你生气呀？"

接受绝对不是批判（"你怎么可以又发怒啊！"），不是否定（"你不应该在这里发怒的！"），不是表示不耐烦（"唉，你又发脾气啦！"），也不是忽

237

视（好像完全没有事般平常闲谈）。接受就是"你这个样子我是接受的，我愿跟你沟通"的意思。

分享——永远先分享情绪感受，后分享事情的内容。就算受导者反复或坚持先说事情内容，你也需要巧妙地把话题先带到情绪感受的分享。情绪感受未曾处理，谈事情细节不会有效果，往往只会使对方的情绪更大。

先分享情绪，应该做的是帮助受导者去捕捉内心的情绪。一般人们对情绪认识不多，他们不懂得用足够和适当的文字描述情绪，因此正确表达内心的感受时会有困难。可以提供一些相关的词汇帮助受导者把内心的情绪感觉转换成一些可以被下定义、有界限的情绪类别。例如："我敢说，那使你觉得尴尬，对吗？"或者："你感到被人拖累了，是吗？"

如果受导者总是想说出事情的内容、始末、谁对谁错等，可以用语言把他带回到正确的方向（先处理情绪），例如："原来是这些使你这样不开心。来，先告诉我你现在内心的感觉怎样。"或者："哦，怪不得你有这样的反应！现在你心里觉得怎么样？"

帮助受导者描述他的情绪，并不是告诉他那是应该有的感觉。而只是单纯地帮助他正确认识他当时的内心感受，并且帮助他找到或发展一些表达情绪的词汇。

一个人越能精确地以言辞表达他的感受，就越能掌握处理情绪的能力。例如，当孩子生气时，他可能同时感到失意、愤怒、混乱、被出卖、妒忌等。当一位女士感到难过时，她可能同时感到受伤害、被排斥、空虚、沮丧等。认识到这些情绪的存在，他们便更容易了解和处理所面对的事情。

当他们充分表达完情绪后，你会发现他们的面部表情、身体语言、说话速度、音调、音量及语气等都已经有舒缓的迹象。

后分享事情，意味着如果上述情绪分享做得好，受导者会表现得平静了一些，这时才引导对方说出事情的细节，好让你知道该怎样进一步引导他们。

肯定——应该对不适当的行为设立规范，就是说，勾画出一个明确的框架，里面是可以理解或接受的部分，并就这些可以接受的部分给受导者以肯定。框架外面则是不能接受或者没有效果的东西，应当明确指出并质疑。给予肯定之后，会更容易引导受导者注意到和愿意针对不能接受或者没有效果的东西而有所改变。

例1："你对小张拿走你的游戏机的行为很生气，我明白你的感受。但你打他就不对了。你想，现在他也想打你。这样，你俩便不能做朋友了，对吗？"

例2："你感到妒忌是正常的，因为他比你先升职；但你用难听的字眼当众骂他，使同事们包括上级都听到了，他们会更觉得让他升职是对的，你以后超越他的机会不是更少了吗？"

给予肯定使受导者保留了他们的尊严和自信，他们会更愿意听从你的引导。重要的是让受导者明白他的情绪感觉不是问题之所在，而不良的言行才是问题的关键。所有的感觉及所有的期望都是可以被接受的，但并非所有的行为都能被接受，或者会有效果。

策划——有负面情绪的人现在会想："我有这样的情绪原来不是错误，但是应该怎样去处理问题呢？"要帮助他解决问题就要询问他想得到些什么，然后与他一起讨论解决问题的有效方法。引导他去发展自己的想法，帮助他做出最好的选择，鼓励他自己解决问题。你可以引导他说："凡事都有至少三个解决办法嘛，让我们一起想想，如果重新来过，怎样做可能会更有效果？"或者："下次同样的情况出现，怎样才是更好的做法，使效果更理想？"或者："避免同样的不如意的情况出现，你可以采取哪些预防措施？"

❖ 对情绪的进一步认识

从上面的叙述中可以看到，无论是处理自己的情绪还是处理别人的情绪，只要认识到位，方法对路，管理情绪并不像我们想象的那样难。自然科学和人文社会科学发展到今天，已经攻破了无数的难关，但让科学家们不可否认的是，最难攻克的难关还是人本身的奥秘。情绪，正是蕴藏于人的身心中的奥秘之一。进一步认识情绪的种类及价值，将带给我们更多的收获。

负面情绪的正面价值

人生中出现的各种负面情绪，除了极少数的几种之外，其余都有其正面的价值和意义，不是给我们一些力量，就是指引我们找寻更好的方向，有一些甚至两者兼备。以下是常见的负面情绪的正面价值和意义。

1. 愤怒。

给我们力量去改变一个不能接受的情况。电影中的主角警告对方不要激怒他（否则他什么事都能做出来）便是最好的例证。内心力量不足的人，他们往往需要生活在愤怒里，以维持更大的力量去面对人生。这当然不成，就像一个人在冬天里燃烧自己的腿去取暖，只会使问题越来越大。世人最大的错误是企图运用愤怒带来的力量去改变外面的人、事、物，但一般情况下这不会成功，这样的人以为需要更大的力量，还会因此变得更愤怒。其实，用愤怒带来的力量改变自己，才是突破的方向。

2. 痛苦。

痛苦可分为生理和心理的痛苦，但意义一样——指引我们去找寻一个摆脱的方向。把手放在火上感觉痛苦，手会缩回一点，若仍感到痛苦便会继续缩回，直到痛苦消失为止。心理治疗大师罗伯特·麦克唐纳（Robert McDonald）在教授处理感情关系问题的技巧时说：在有痛苦的两人关系中，感到痛苦的人就是该做出改变的人！

3. 焦虑、紧张。

焦虑、紧张也可以指引我们找寻解决的方向——事情很重要，需要额外的专注和照顾；往往也指出已拥有的资料和能力不足，需要添加一些能力。焦虑、紧张常常跟本人对自己的身份和本人与系统的关系不清晰或者误解有关。

4. 困难。

很少有人注意到困难也是一种情绪感觉。它也是在指引方向。困难的意思是：以为需付出的代价比可收取的回报更大。只要清晰地量化需付出的和可收取的，便能马上改变这种感觉。应当注意：处理这种情绪的目的并不是使人去做某一件事，而是使他多了"可以做这件事"的选择。

5. 恐惧。

恐惧的意思是，不愿付出以为需要付出的代价。恐惧指引我们去找出：认为需要付出的代价是什么，以及思考可以做些什么使自己无须付出这些代价。与困难一样，处理这种情绪的目的并不是使人一定去做某一件事，而是使他多了"可以做这件事"的选择。恐惧是维持动物生存下去的第一重要工具，人活着不能也不应完全没有恐惧。有勇气并不是没有恐惧。真正的勇气是：虽然有恐惧，但还能继续走下去。

6. 失望。

失望其实可分为两种——对人、事、物的失望和对自己的失望。对人、事、物的失望必然来自想控制他们／它们的企图：无法如愿便失望了。对自己的失望来自不接受自己，"接受自己法"这个技巧最好用。所以，失望也是指引方向的情绪。

7. 悲伤。

悲伤的意义是，从失去里取得力量，使我们更珍惜自己仍然拥有的，包括记忆。"珍惜"的意思是妥善运用。所以，悲伤既指引方向，亦给予力量。

8. 惭愧、内疚、遗憾。

它们的意思是，以为已经完结的事里尚有未完结的部分。这些情绪是指引方向的，若明白了它们的意思，它们能转化成为力量去推动拥有者把未完结的部分完成。关于这点，家庭系统排列的学问里有关付出与收取的平衡概念也对缓解此种情绪有帮助。

在我的研究里，只有妒忌和憎恨尚未发现有什么正面价值和意义。这两种情绪的性质，都要把本人维持在自己无法提升，同时必须把对方拉下来的境界里。它们基本违背了"本人有足够能力去建立成功、快乐的人生"的信念。所以，我的建议是：小心不要让自己沾上这两种情绪。

有人说，妒忌可以使自己更奋发，超越对方。当自己有能力提升的时候，那种情绪应该是不忿较为正确，妒忌有无能为力的感觉。

钟摆效应

虽然谈了这么多正面情绪和负面情绪，但我更倾向于认为情绪本身没有好坏之分。就如世上所有事物只应该以对人生的成功、快乐有没有贡献为标准（在三赢的基础上）去衡量评价一样，有没有效果决定了一种情绪状态是好还是坏。传统上我们认为某些情绪是不好的，例如愤怒、悲伤，称它们为负面情绪，于是，世上有了正面（好的）情绪和负面（不好的）情绪之分。

有人因为压力太大，受不了情绪上的折磨，学会了"感觉麻木"，即通过一些手段使自己不再对事情有同样的情绪反应了。这是一种保护机制，短期如此，没有问题，但若长期这样，就会对这个人产生很大的损害。原因是当一个人在某一种情绪上削减了反应的强度，在所有其他的情绪上也会有同样的削减。那些所谓负面的情绪减少了，正面的情绪也会同样地减少，就像钟摆一样，若摆向一边的幅度变小了，摆向另一边的幅度也同样变小。这种现象，我称为"钟摆效应"（pendulum effect）。

如果一个人对别人的责骂"反应麻木"了，不觉得像以前那般愤怒。看完电影《泰坦尼克号》，他也不会像其他人那般感到难受，也许他还会说："哭什么？只不过是电影而已！"同时，对一个笑话他也不会感到好笑："笑什么？只不过是笑话而已。"那么我们可以看到，不好的事固然不会伤害他，但好的事也不会使他欢欣、喜悦、满意和骄傲了！

这个人学会了麻木，情绪感应的幅度便会变小。假如这个人继续在"使自己麻木"上努力发展下去，最终他的感觉会变得越来越少。这个时候，什么事既不会使他难过，也不会使他开心，对任何事情都没有了感觉，他已经变成了一个能够走动的植物人了！日子久了，每天的生活枯燥乏味，有一天他会醒来问自己："生活的意义是什么？每天的挣扎，只为延续这种没有兴趣的存在吗？"

感觉不单是情绪的根源，也是我们能力的所在：每一种内心的能力，例如自信、勇气、冲动、冷静、幽默感、创造力，都只不过是内心的一种感觉，对事情的分析判断，也需要感觉（"做事没有分寸""说话不知轻重"等都是感觉不足的表现）。记忆、学习也都需要感觉的参与。由此可见，感觉在人生里扮演的角色多么重要！

应该怎样对待情绪呢？我认为应该与上述的那个人刚好相反，应该把自己情绪感应的幅度尽量扩大。这样，每天中每一件事给我们的喜悦、满足、自豪、信心，我们便完全感应得到，心中也会充满人生的意义和乐趣。偶然有一次，事情给我们"负面"的情绪，虽然强度很高，但是因为每天所得的喜悦、满足、自豪、信心足够多，我们也能承受得了。正面情绪我们充分享受、完全拥有，负面情绪我们有这么多的方法去处理，就算人生里的事情一半顺利一半不好，我们也会创造出成功、快乐的人生。

人生里每次的经验都让我们学到一些东西，使我们更有效地创造一个成功、快乐的未来。不明白这个道理的人，会抱怨人生不如意的事情太多，因为问题总是不断地出现。而明白这个道理的人，则不断进步、享受人生、心境开朗、自信十足。

拓展视野

从认识到管制

有一天，在你住的地方附近出现了一条大狗，它体型庞大、样子凶恶，你不知道它从哪里来，往哪里去。第一次见到它，它对你咆哮，并向你跑过来，你吓得要命，马上逃跑，但它穷追不舍，虽然你最后终于逃脱了，但已惊出一身汗来。此后你每次外出，都不禁四下张望，担心它的出现。它好像知道你的心意，你越怕它，它越会出现。你也曾用一根棍棒把它赶走，但是总不能每次外出都带着一根棍棒，特别是穿着讲究去参加晚宴之类的时候。所以，这条狗使你十分无奈，心里有很大的无力感。

有朋友劝说，既然斗不过它，不如尝试接受它的存在，与它交个朋友，找个共存的方法吧。你心有不甘，但是始终想不出更好的办法，于是接受这个主意，特意找到全城最好的宠物店，买下一盒价钱最高的狗饼干，每次外出口袋里都带着两三块以防万一。不久后，机会来了，一次外出，在完全没有防备的情况下，忽然间这只狗跳出来，向你跑过来，你吓得心慌，刚要逃跑，想起口袋里的狗饼干，便马上掏出来抛过去。果然，这条狗停下来，嗅一嗅那饼干，竟然张口吃了下去而不再追你。你开心极了：终于找到了解决方法。

后来你一个多月没有碰到这条狗了，再碰见时，它可以享用你掌心的饼干了；又过了两个月，狗看到你会在路中间蹲下来，可以乖乖地吃你掌心的饼干，而你的另一只手可以抚摸狗背的毛，它显得温驯平和，从它的眼睛里可以看到它已经接受了你。你对我说，这个小区这么静，人又少，而这条狗既威猛又听话，你想把它带回家去做个伴，帮你照看门户。又两个月没有见到你，再遇上时看到这条狗正衔着你刚买的报纸，而你正悠闲地逛街。你对我说，这条狗好极了，既聪明，又忠心可靠，为你做事，能保护你、照顾你，你生活得更安心了。当然，为了不让孩子受惊，上街时你用一条链子把这条狗牵在身边。

你对我说，这是一次很有启示的经验。回想从抗拒、害怕、无奈，到接受、欣赏、运用，到最终你完全管制它，你明白了处理自己的负面情绪也需要经历同样的过程。

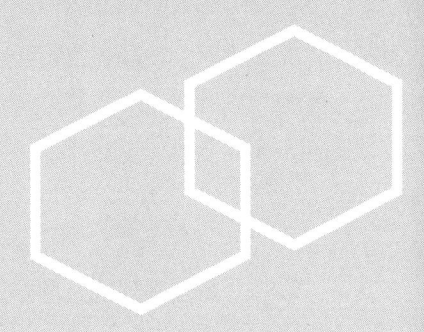

第十章
缔造成功、快乐的人生

在个人成长的过程中，我们不断提升自我整合的方法与力量，对个人时间进行有效管理，同时不断制定新的人生目标，通过这些人生策划和实施的技巧，我们可以拥有更多的成功、快乐。

虽然来到这个世界只是一种偶然，但冥冥中总会有一种力量牵引着每个人向着更快乐、更成功的彼岸泅渡。当我们充分肯定了自己存在于这个世上的资格，找到了最适合的身份与角色，并明确了自我价值；当我们能深切地洞悉自己心灵深处的一些渴望、敏锐地体察他人的欲念和要求，与自己、与他人进行良好的沟通；当我们能迅速地提升内感官运用能力，有效地改变经验元素，自如地驾驭情绪之舟；当我们能熟练地运用检定语言模式，找到思想和语言之间的盲点，解决自己问题的同时也能帮助他人时……成功与快乐便近在咫尺了。与前面所有的章节不同，本章介绍的更多的是人生目标制定、时间管理、提升力量等方面的技巧，通过这些人生策划与实施的技巧，我们可以拥有更多的成功与快乐。

❖ 自我整合与力量提升

自我整合的方法——接受自己法

内心产生矛盾和冲突的原因是潜意识的不同部分各持己见，但是动机都是良好的：都是想这个人得到更多、更好。在这种情况下，这个人的力量无法完全集中于处理需要处理的事情上。反之，他内心的力量往往放在"内耗"上，就是一股力量与另一股力量对抗而互相抵消掉。这个人会很辛苦、很累，无力感很强。

这种情况的起源，是这个人在成长过程中经历过的一些经验所产生出来的信念、价值观和规条，并没有充分地与自身其他的信念、价值观和规条整合。这样造成的"错位"，使他整个人的信念系统四分五裂、互相碰撞，就像一锅汤里的材料还是一堆一堆的，未能互相融合，所以无法把整个人的力量发挥出来。NLP中有一些专门的技巧解决这一问题。如：一般的信念问题用换框法便能解决；著名的技巧"冲突信念融合法"（conflicts resolution），专门处理内心的矛盾和冲突，是处理"信念"问题的技巧；"自我整合法"和"接受自己法"是两个处理更高层面，即关于"身份"的信念的技巧——"自我整合法"专门处理内心的矛盾和冲突，对于一些经常批评自己、责骂自己、对自己不满意的人特别有效。"接受自己法"处理的是过程中产生对自己"身份"的信念错位，是处理"自尊"（self esteem）问题的一个效果很快、很好的技巧。两者相比较，"自我整合法"处理的是来到脚边的水，而"接受自己法"则是处理水源。两个技巧最终都会成功地改变这个人身份层次的信念。

这里着重介绍的是接受自己法，我在1999年发展出这个技巧，灵感来自美国简·普赖斯（Jane Price）的书 *From Inside Out*。我曾经用它处理过很多深层、表面问题不明确的个案，效果很好。它简单易做，受导者可以自己做，天天做，不出一两个月，便会有显著的改善。

没有充分成长的人，往往是小时候有很多不愉快的经历，无论是因为当时自己做得不好，还是因为受到别人欺负，都会造成不接受自己的情况。那些不愉快的经历造成一些局限性的信念，又使这些人把注意力放在错误的价值、无效的规条上，结果是这些人经常与自己过不去，否定自己，不接受身边的人、事、物。有些时候，这类受导者甚至记不起有关的往事，而只是感到对自己不满意、不耐烦。这些情况最适合使用这个技巧。

此外，不接受自己的受导者，几乎总是与父母相处不好，也几乎全部都有不能接受父母的问题。辅导者在考虑用这个技巧时，也应注意是否需要帮助受导者处理与父母的关系。

辅导者最初引导受导者做这个技巧时，受导者的潜意识或许会因不能感到安心而只涌出快乐开心的幼小自己。只要按照这个技巧的步骤完全做足，寻找另一个幼小的自己。这样做几次，便会有一个需处理的小孩出现。另外，不要以为需要处理的总是幼年，我曾经遇到一个个案，需要处理的竟是一年半前的自己！

接受自己法的步骤：

（1）找一处宁静舒服的地方坐下，深呼吸、放松。

（2）把注意力集中在体内潜意识上，向它致谢，并且请它让你与过去成长过程中的自己沟通。请潜意识让这个成长中的自己呈现出来，即是一个有景象和声音的情况。

（3）集中注意力，诚恳地向潜意识不断重复上述要求，直至一个过去的自己在脑中出现（多数是小孩时代的自己，以后称"小孩"）。如果潜意识没有对要求做出反应，引导受导者先用深呼吸法使自己安静下来，再引导受导者与潜意识沟通，要求与潜意识合作，尝试用这个技巧去处理一些需要处理的事，使自己有更多的成功、快乐。

（4）当脑中出现小孩的景象时，观察这个小孩正在做什么，他的内心状态和情绪感受。如果受导者的头脑中只有身形，看不到面孔，可以继续做下去，在技巧的中途，情况自会改善。对小孩来说，你就是他多年之后的样子。这么多年里，你经历了很多学习和成长，现在回来感谢他、帮助他、给他支持、给他保护、跟他在一起。

（5）若感到小孩有不接受自己（自责）的心态，告诉他你经过这么多年的成长,已经掌握了很多有效的处理事情和情况的能力和技巧。但当时的他,尚未曾学懂这些技巧,他只可以凭当时他拥有的知识和能力去处理每一件事,他不懂得怎样可以做得更好,也没有人教他怎样可以做得更好。事实上,他已经做得很好,看看你现在的情况,便是证明。然后,用话语肯定小孩拥有的能力(比如观察能力、沟通能力、语言表达能力、组织能力、领导能力、协调能力……)。

(6)若感到小孩有责怪别人(例如父母、其他家人或者伤害过他的人)的心态,告诉他这些人没有学过怎样去做好他们当时的角色,他们只可以凭他们当时拥有的知识和能力去做出他们当时可以做得最好的行为。告诉小孩在那些人做的事情背后都有一些正面的动机,他们那样做只不过是为了满足那些动机,而并不是针对小孩。我们现在能够明白很多这些正面动机,虽然还不能全部明白。其实他们可以有不同的做法去满足那些动机而无须伤害小孩,但是他们不懂,也没有人教他们怎样可以做得更好。

其实,这些人是小孩成长过程中能够学习一些事情的推动力,你这么多年的成长,你今天所做和不会做的事情便证明了这点。然后,用话语肯定小孩在所发生过的事情里学习到的能力。例如:小时候被父亲虐打,现在便知道怎样做一个更好的父亲了。

(7)若对小孩感到反感、抗拒,可以告诉自己那小孩当时很辛苦,没有人教他很多你今天懂得的东西,也没有人给他足够的帮助与启发。在那个时候,小孩是那么孤单、无助、彷徨、辛苦、惊恐,但他仍然那么坚强,独自面对每一天,艰苦地成长。无论怎么辛苦,小孩都在尽力地学习和成长,他不断在努力使自己成长得更好,使今天的你能够掌握如此多的知识和能力,能够享受人生中这么多的一切。

假如受导者仍不接受小孩,引导受导者想想:

①他辛苦的坚持让你有今天的人生,让你拥有种种机会,但他却得不到

你的肯定。你不接受他，谁会接受他？没有人要，小孩是多么可怜？

②没有他，你也就是没有过去，那你还剩下什么？什么都没有了，因为你的所有能力，包括发脾气、憎恨的能力，都是你的过去所培养出来的。你的过去就是你所有能力的平台，从平台往上走，才能够有继续成长的机会。若有需要，重复地引导受导者思考这两点，直到受导者接受小孩为止。

（8）引导受导者看着小孩，想想小孩那时的寂寞、彷徨、无助甚至害怕；也同时想想他那样勇敢、努力；再同时想想他内心的好奇、爱心、动力、想与人接触、想好好成长的生命力。在心中对他说话，说说你对他的感谢、给他同情，让他知道你怎样想，也让他对你说话。在对话中找寻出可以互相接受的肯定与认同，直至彼此都感到完全宽恕与接受对方。

在这个过程中，引导者问受导者脑中景象的小孩有什么变化，注意小孩的表情及身体语言的变化，直至小孩已经平静，有正面、安心的感觉，甚至脸上出现笑容，可以眼望受导者，才算成功。这个过程给受导者一些时间，叫他在准备好的时候给你点头的信号。

（9）这时或许需要用"宽恕法""感知位置平衡法""消除恐惧法"等其他技巧去处理过程中出现的事情。

（10）当受导者发出"已准备好"的信号，辅导者继续引导受导者：现在，看着小孩，伸出你的双手，向他说："是我们连在一起的时候了。过去这么多年的迷惘、摸索、不安，现在都成为过去了。我感谢你为我做了那么多，因为有你我才能够成长，我会用这种多年发展出来的能力保护你、照顾你、爱你。"想象小孩一步一步地走过来。终于，他接受你的双手，你把他拉过来，把他拥抱在怀里，感觉你给他的力量使他放松，没有了恐惧、彷徨，而有了自信、平静、满足。

感受一下他内心充满的力量，那股力量怎样使你更为完整、更能处理人生中需要处理的事。感受他把头靠在自己的肩膀上，然后在他的耳边轻柔地、细声地说出两句只有你俩知悉的话，去肯定两股力量的结合会多么有力地帮助××（自己名字）。再听听他也在你的耳边说出的两句话，只有你俩知悉，你俩的结合如何使××（自己名字）活得更好，有更成功、快乐的人生。对小孩说："我俩以后再也不会分开，一同快快乐乐地在人生中前进。"然后充分地把心打开，接受小孩，感受一下两人融合在一起的感觉。当受导者脸上出现良好感觉的信号，引导受导者做深呼吸，大力吸气，把那种感觉加强和储留在全身。

（11）这时候给受导者一点时间，待他睁开眼时再跟他讲话。

自我审查的技巧

人类能够超越其他所有物种，成为万物之灵，最重要的因素就是人类有自我察觉的能力，就是我在看书（投入的状态），同时我知道我在看书（抽离的状态）；我心里感到愤怒，同时我知道我感到愤怒。人类具备这个能力，但是，并不是所有人都能深刻意识到、珍惜和好好地运用这个能力。我们常常说"当局者迷"，就是一个人完全投入而没有了抽离。投入是跟感觉在一起，与现场的人打成一片；而抽离是跟理性（逻辑分析和思考的能力）在一起，是冷静而且明理的。过分投入是陷于情绪感觉里，而过分抽离则是冷漠，是"缺乏人情味"。

重要的是，既然我们有两种能力，它们便理应手牵手并肩为我们服务。做事要投入，好让内心有推动力；同时也需要不时抽离思考一下：进度是否满意、效果是否理想、大局是否平衡、前景是否顺利。从这两个角度测试一下手中的事情，便已经是很好的自我审查技巧。

我们还可以使用以下的问题做好自我审查检讨的工作：

（1）在此事此时里，你是谁？（身份定位：尝试用含有动词的句子描述自己的身份，然后检讨那些动词的实际或正确意义。）

（2）你想这件事情有怎样的结果？

（3）你正在做什么？

（4）你所做的跟你想有的结果配合吗？何以见得？

（5）你正在用的方法、从事的行为，已经持续了多久？有效果吗？

（6）继续你正在做的，最终会有什么情况出现？

（7）有其他方法（行为）的可能吗？

（8）你真的需要那个结果吗？（参考第 2 个问题）

（9）那个结果背后的价值是什么？（也就是你的深层需要是什么——身份或以上的层次）

（10）如果你所做的没有效果，假设马上停止这个方法/行为，会有什么情况出现？

添增本人的力量——洒金粉法

由于一些人在成长的过程中，未能培养出足够的自我价值（自信、自爱、自尊），所以他们总是觉得自己没有足够的力量去处理人生里的种种事情。因此，"添增力量"的技巧不仅本人需要，在辅导工作中也经常需要用到。事实上，一个人本来便有这些力量，所以"添增"只不过是帮助人们重新发现和运用他们这些本有的能力。之前说过，每个人都需要完成"充分得到肯定"的路程，才能建立足够的自信，而在这个过程中若得到教练或辅导者的帮助添增力量，路程便会更快走完。

我相信很多不良行为，包括吸烟、使用毒品等都是因为当事人的力量不足，需要这些东西去填补不足；经常发脾气、处于愤怒中的人，也是因为他们的力量不够，而需要凭这些情绪取得额外的力量去支持他们活下去（愤怒的意义是"提供力量去改变一个不能接受的情况"）；暴食肥胖者也往往是因为潜意识感到力量不足，所以需要多吃使身型变得更大（在动物界中，体型大小与力量多少成正比例，有很多例子显示能够让身型看起来更大的，更能让对手知难而退）。

引导一个烟民或者吸毒的人戒烟戒毒不难，难的是怎样使他们不再复吸。秘诀就在于能否帮助他们找到新的力量去代替吸烟、吸毒给予他们的力量。这也解释了为什么在西方国家，传统心理治疗方法对戒烟、戒毒的效果不理想，再发率高达70%~80%，而宗教团体举办的戒烟、戒毒所的成功率往往高出很多。一个良好的信念是一股正面的力量，具有上述的用途。一个新的、符合人们潜意识的"身份"角色（我是一个怎样的人），也是正面的力量。

"借力法"是最直接的添增力量的技巧，其实是直接运用NLP里面最基本和重要的概念"模仿"（modelling）：模仿一些拥有所需力量的人。一个自信不足的人，就是觉得自己的力量不足，可以运用"借力"方式去"借"另一个人的力。NLP中有很多种不同的做法，其中"洒金粉式"较适合内视觉强的受导者，"代入式"则更适合内听觉和内感觉强的受导者。"重拾优良状态"也是模仿：模仿自己过去的成功经验。"借成功的方法"借的是已经成功的本人的力量。"三步借力法"是威力非常大的技巧，适合特别乏力的受导者。

借力的对象，可以是相熟的人，也可以是不认识的人，更可以是历史人物，只要能够想象出来那个人的模样，便可向他借力。我甚至有过例子引导受导者借海豚（自由、善良）和大树（坚定、稳固）的力量。它们都是受导者提出来的，只要受导者认为可以，便都会有效。

"借力法"之洒金粉法的步骤：想出一个有此能力的人，想象他站在不远处，向他请求借取这股力量，并且向他保证说："我想请你与我分享你的××（所需力量的名称）。我向你保证，你与我分享你的能力后，你的能力不会减少而只会增加。我需要你的帮助，可以吗？"绝大部分情况下，受导者会得到被借力的人的同意（点头、说可以或微笑），若被借力的人不同意，引导受导者找另一个借力的对象。

当受导者得到被借力者的同意后，引导受导者想象被借力者从口袋里掏出一把代表这股力量的金属粉。这时，问受导者："最能代表这股力量的金属粉，是金色还是银色的？"无论受导者回应说是什么颜色，辅导者都完全接受，并且以后每提及该股力量的金属粉都使用同一颜色。引导受导者想象被借力者向受导者扬手洒出那些金属粉："想象×色的金属粉像下雪般降落在自己身上的每一处，尤其是头顶和双肩。这些金属粉越落越多，然后，你开始感觉那些像雪花般的金属粉开始融化，进入你的身体。感受一下这股你需要的力量进入自己身体里的感觉。"然后引导受导者大力吸气以加强能力在体内的感觉，做数次这样的深呼吸，然后想象那股力量已经粘贴在身体里的每一处，所以，以后这股力量都会储留在身体里，随时可以运用。

❖ 选择、焦虑、风险、时间的处理技巧

处理"不知如何选择"的技巧

当手上有的选择超过一个，这是说针对你想要的一些价值，你可以有一个以上的不同取得方式。你所处的状态是良好的（有选择总比没有选择好）。细想一下，你会明白，如果你只有一种方式，你可能想也不想便采用实行了。你现在的问题是：在这些不同的方式里，哪一个给你最多、最好。以下的技巧最有可能帮助你做出最好的选择。

首先，如果你拥有的选择超过三个，你需要先选择出来最应优先考虑的三个。太多的选择，往往只会使你做出不好的决定。

假设你现在只有（或选出）三个选择，请用三张白纸把它们分别写出来。

一次只看一张纸（一个选择），把这个选择能够带给你的价值写下来。然后再看另一个选择，做同样的事，直到你把三个选择的价值都写出来。

然后，用一张新的白纸，把你的人生里最重要的价值列出来。

现在，把三个选择的价值清单跟你的人生价值清单做一次比较，你便能找出哪个选择最适合你了。

再用另一张白纸，列出执行这个最适合自己的选择，需要你付出什么代价。如果这个代价你负担不了，想想怎样做能够使需要付出的代价降低至你能够负担的水平。

定出执行的时间表和步骤。

若想做得更细致一些，可以考虑每个选择都做一次"强弱危机分析"，即SWOT Test——把这个选择的优点、缺点、可带来的机会和可能出现的威胁都一条一条地列出，每条都按其可能性打分：1~5分，以5分为最高可能性，总分的计算是：

总分＝"优点"＋"机会"－"弱点"－"威胁"

焦虑的处理和风险的量化

除了因为有太多的选择不能做决定之外，另外一种使自己停滞不前的情况就是对事情感到焦虑。这个情况刚好是太多选择的反面，太多选择是在"趋前"的状态，要取得想要的价值，焦虑的情况则是在"退缩"的状态：不想一些自己担忧的情况出现。这需要一个与前者不同的技巧。

首先，好好地想想，自己不想出现的最坏可能是怎样的一种情况。

想三个方法出来，使这个"最坏可能"不会出现。

1. 清单管理法。

把手上待处理的事项列在一张白纸上，是最有效的处理忙碌状态的技巧。潜意识用感觉跟你沟通，它对"数量"是很敏感的，所以多出两三项事情便会产生焦急、紧张或有压力的感觉，尤其是当这些事情都被人催促的时候。把事情写出来，我们便不需要用脑的力量去维持"有多少项""哪一项最急"和"哪项应排在哪项的前或后"等事情了。在同时处理多件事情时，意识部分或许能发挥更大的作用。

（1）把手上的事项按急缓的先后次序写在一张白纸上，每完成一项便在纸上把它删掉，每有新的事项出现便添加上去。督促自己按清单上的次序逐一完成事项（这是重要的一点），每天工作结束时便重写一张等待完成、按急缓先后次序排列的清单。光是这第一步便能大大削减心中的焦虑和压力。

（2）对清单上的每项事情做出时间估计，即需要多少时间才能完成，写在清单上。然后统计完成清单上全部事项所需要的时间。再估计本人每天工作时间中可以用来处理这些事项的时间有多少。（例如一个人每天实际有的工作时间是7小时，但是参加会议、例行公事等却占用了2小时，他的可用时间便只有5小时。）把清单上的事项全部所需的时间除以可用时间，便是完成手上所有事项的天数。做到这里，绝大部分人便完全没有因为事情繁多而产生的焦虑压力了。

（3）可以用一张清单记录工作上的待完成事项，用另一张清单记录生活上和家庭里的待完成事项。

（4）用其他适当的技巧处理对自己能力的怀疑、情绪压力等问题。

2. 风险量化法。

人生之中很多时候我们不敢有所突破，是因为害怕其结果对我们不利。但是在事前我们往往并不知悉结果会怎样，就是说我们不知道结果会对我们怎样不利，但只是害怕那份"不利"难以承受。若能把它量化计算出来，那么我们会更清晰地知道是否有必要采取行动进行突破了。

自己有一个理想，但是总不敢付诸行动，等到年纪大的时候便更不敢尝试了。最终，在老年时回想起来，心中总存有一点遗憾。这样的例子很多，如果不想加入这个队伍，可以试试风险量化法。

并非所有的风险都可以量化，风险之中感觉和情绪方面的因素不能量化，但是风险之中的物质因素，尤其是金钱因素（或者可以转化为金钱因素的因素），都可以量化。而往往当这些因素量化了，感觉和情绪方面也会因而有所改善。

以下是一个运用风险量化法而改变了自己命运的实例。

陈先生在政府某部门工作，资历很深，职位颇高，前途理想，收入不错，工作表现也受领导认可，已婚，有一子。他在过去十年中发觉他对演讲及培训工作有十分浓厚的兴趣，起初是一次无意的机会，受朋友邀请在一个场合做了半小时的演讲，不料从此便对此着迷。他不断地努力研究如何在演讲和培训中讲得更好，还主动争取部门里对新人的培训工作，又加入一些有关的组织去争取更多的演讲培训机会。他集中业余时间去研究一个题目——时间管理，经过十年的时间，他已经对此很有心得，听过他的演讲或课程的人对他都十分赞赏。他很想改变自己的事业，成为一个专长于时间管理的专业演讲培训师。

可是，他又担心家庭负担，太太没有工作，小孩只有九岁，一旦放弃了这份工作，生活便没有了保障。他也不知道真的用"时间管理"作为演说和课程专题，市场是否接受，并且能否有足够的收入支持。

于是，他决定做一次风险量化测试。

（1）机会成本。

首先，他为了自己创业，需要放弃一份安定的工作。失去了它，如果创业不成功，他要另找一份工作。以目前的情况，社会经济环境还算可以，自己也有一些专长是企业所需的，他估计可以用两个月左右的时间找到另一份工作，同时，他知道为了创业的机会，他和他的家庭也需要做出一些牺牲，他相信在生活上他可以做出一些改变，节省一下也不会有很大的不便。这些都是机会成本。所以他写下：

目前，每月收入（100%）=30000 美元；

做出一些改变，可以接受的最低生活需要（80%）= 24000 美元；

当下市场，约 2 个月可以找到一份新的工作，再加 1 个月保险期；

故此，陈先生的机会成本是 24000 美元 ×3 个月 =72000 美元。

以陈先生的情况，他相信在两个月内可以找到另一份工作，若只要求八成薪金，在 3 个月内他找到新工作的机会是极高的。

（2）"可行性测试"成本。

他认为，若全力展开市场推广，接触企业顾客和公开宣传等工作，3 个月内他便会有初步的了解：究竟他的知识学问能否吸引足够的人付足够的钱去听他的演说和课程，从而养活他和他的家人。他决定谨慎一点，给自己 6 个月的时间去完全确定这个新事业的可行性。所以，他会在做满 3 个月的时候进行一次检讨，他会预先定下一些指标，如果这些指标达到了，他便会继续下去，如果某些指标没有达到，他便会开始找一份新的工作。所以，他写下：

初步可行性确认 3 个月（24000 美元 ×3 个月）=72000 美元；

确定可行性 6 个月（24000 美元 ×6 个月）=144000 美元；

到此，陈先生已经知道，他创立自己演讲培训事业的风险，可以用金钱来量化和控制：

机会成本：72000 美元；

可行性测试成本：144000 美元；

全部风险成本：216000 美元。

（3）成本把握。

下一步，陈先生评估一下自己控制这个风险的能力幅度，也就是成本把握，他的风险成本可以有几个来源：

现金：包括银行定期存款，或可以实时出售的资产，例如股票、投资基金等。

可变卖的资产，例如房产、生意上的投资、珠宝、债券等。

可借贷的对象，例如朋友、亲属等。

他发觉上述三个来源之中，两个有绝对把握。他知道他的创业理想完全可以立于不败之地了。他决心把全部的精力用在把它变为事实的工作上。他的行动计划如下：

与太太商量，取得她的支持。他还从第一个风险成本来源（银行存款、股票和投资基金）中，安排了一个216000美元的30天自动滚存的定期存款给太太，使她安心。他创业的最初六个月的收入，在这里是完全没有计算入内的，这也是整个计划的保险之一。

用一个月的时间做出创业策划的步骤，取得一些例如成立新公司等的资料。

向公司递出辞职信。

如今，陈先生是一位十分成功、快乐的全职培训师。

以下是一些常见问题的解答：

若成本把握即三个来源的数字加起来低于150%（每个来源最多只可以算100%），便不应创业，而应先做储钱工作，待成本把握超过150%才展开创业计划。

这个计算没有把创业本身所需的资金计入。这个计算是保障本人和家庭的生活稳定，创业本身便是不稳定的事情，两者应该分开处理。创业资金，往往可大可小，并无法则可循，何况亦可以考虑与人合股。

这个计算也未算入找人支持自己创业的可能性。

某种技能在市场上约需多少时间找到新工作，可以从很多方面找到参考数据。

时间管理的方法

史蒂芬·柯维（Stephen Corey）在他的一本书《要事第一》中介绍过以下的概念。

若把你每天睡眠以外的时间所做的事情用以下的四种性质分开，如图10-1，每种事情占多大的百分比？

A. 重要并急于处理

B. 重要而不急于处理

C. 不重要但急于处理

D. 不重要也不急于处理

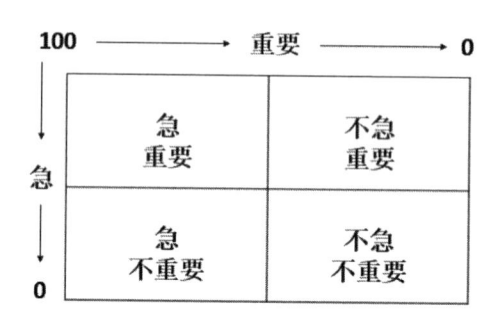

图 10-1 时间管理四分图

A. 重要并急于处理：很多人每天都生活在极度忙碌之中，每件事都是重要并急于处理的。若这栏长期占用全部时间的 50% 或以上，我们的生理和心理健康都会有不良影响，与别人的关系和人生其他的重要方面都会因此变坏。

B. 重要而不急于处理：经常告诉自己应该去做（或多做），而总是没有实行的事情便应列入此栏。这栏也往往是能真正把自己人生推进往上的事情，例如，足够睡眠、与家人旅行、学习、运动、研究工作等。这栏也是最容易被忽略的一栏。

C. 不重要但急于处理：这栏的事情多是为别人而做的事，例如接听手机、约好去一些无关紧要的约会等。若这栏的事情太多，我们会埋怨自己太受人摆布，或者处于被动和无奈的境界。

D. 不重要也不急于处理：这栏的事情在人生中常常是可有可无的事。但是如果一件这样的事长期在心里涌出，它可能是重要的事而未曾被自己注意。

没有"正确"的百分比，但一般来说：

A 栏最好少于 50%；

B 栏最好维持在 20% 或以上；

C 栏应慢慢地减少；

D 栏也应该降低。

A 栏事情往往不能马上被减少。最好的做法是把从 C 栏及 D 栏省下的时间用在 B 栏事情上。慢慢地，A 栏便会减少。

以下的表格，供你做检讨用，我建议你每三个月进行一次检讨。

	现在	目标
A. 重要并急于处理	__ %	__ %
B. 重要而不急于处理	__ %	__ %
C. 不重要但急于处理	__ %	__ %
D. 不重要也不急于处理	__ %	__ %
	100%	100%

50/30/20 方程式

这一技巧与上面的技巧有异曲同工之妙。对于很多人来说，长期超时工作，待做工作总是一大堆，知道但抽不出时间去改进一些不够完善的制度或程序，是很令人泄气的。如果这种感觉存在一段时间而得不到解决，他会产生心理和生理上的损害，因而降低他在沟通及其他方面的能力和效率。

这种情况的出现，并非偶然，而是因为长时间忽略了去做一些重要而不急的事情。因此，把情况扭转过来，需要正确的方法及坚持执行一段日子。

成为21世纪的一个成功、满足和开心的人，需要不断地提升本人的办事能力和掌握新的知识与技巧。最有效的方法便是执行这个50/30/20方程式：

50%　　→　　被动（reactive）

30%　　→　　主动（proactive）

20%　　→　　突破（breakthrough）

开始注意工作时间的分配，把它控制在以下的比例上：

"被动"性的工作（50%）是指沿用旧的方式去处理的工作：每天的例行任务、习惯性的文件处理、十年如一日的会议、根据计划或者现有规章和制度而做的每一件事，都列入这部分。

"主动"性的工作（30%）是指旧的工作任务，而做法则加以改变，谋求更佳的成绩。例如每周的报告，因稍微改变了某些安排而能够早一日完成，节省一小时，或者减少某部门一些工作。只要不断地改进，日积月累，整体性的效果自会出现。

"突破"性的工作（20%）包括任何惯性工作之外的职业行为，例如：参加某个课程，订阅与工作有关的刊物，看一本能够提供新概念的书，与有经验、创意强的人讨论交谈，参加某些增进与其他同事、部门、有业务往来的公司和业界团体关系的活动，构思新的做法，确定新制度等。所有对找出新方向、更高效率的做法和配合未来需要有帮助的行为，都列入这部分。

继续"被动"性工作是维持公司运作之必需。为了不断提高效率，"主动"性工作甚为重要。"突破"性的工作则是公司及个人未来找出突破，保证成功的途径。

省时 100 条

（1）随身携带一本小册子，每想到要做的事都马上写下。无须写得详细，能唤起自己记忆便可。

（2）每天下班前，把所有明天需要做的事依缓急程度排列写下，并且预计一下处理每件事所需的时间，作为明天的工作计划。

（3）每周的最后一天，检查一下下周需要做的事。

（4）旅行或度假前的十天，把要做的事列一份清单，逐件处理。

（5）督促自己按照每天的工作计划做事，尽量不要脱离计划。

（6）不要随便接受一个不可能完成计划的期限。

（7）在每一批要做的事里，仍应有先后次序之分，按重要和急迫程度定下次序，逐一完成。

（8）找出第一步要做的往往是解决事情的开始。

（9）每隔两周，检查一次哪些事情进展太缓慢，甚至停顿下来。

（10）对所做的事都预先定下完成时限。

（11）一件事到了预定时限仍未完成，检讨一下是否曾有未能预知的情况出现，或者是否自己刚才放缓了思考，或者是因为做法错了。

（12）与人见面或者开会，先表明大家对时限的看法再开始。如此，过程的节奏会更紧密。

（13）避免做出"多少时间都可以"之类的大方表现。

（14）一些琐事，不应花太多时间做决定，可以先定下允许花费的时间（利用一分钟做讨论），若到了时间还没有结果，可以接受他人的决定或者接受第一个出现的合理决定。

（15）按已决定的时限完成事情能培养出凡事能预知何时完成的能力。如此，别人对你会有很大的信心，并乐意与你交往。

（16）预先控制每件事所花的时间，便能在一段时间内完成比别人多的事情。

（17）如果所计划的时间不够完成一件事，思考一下其中最重要的部分是什么，先处理那个部分。如此，即使没有按时完成，事情的结果仍能保存最大的价值。

（18）凡事只做一次，尤其是收到的文件、书信及资料，训练自己只看一遍。

（19）凡是在要与不要之间难以取舍的东西，都是可以不要的。

（20）培养"凡事只做一次"的决心。这能逼着自己做事的时候更用心、考虑更周全，因为知道只有一次机会，如此便能锻炼出高效率的处事能力。

（21）很多事并不是一次做得不好，多做几次便会带来好的效果。就像做好了又要改的衣服，只会越改越差。

（22）赢得凡事只做一次的声誉，与你交往的人会更认真，更尊敬你，也会因为知道拖延时间无用，而更快与你达成最好的协议。

（23）时间是无从补充的资源，因此，用在每一件事上的时间都应视为一种投资，因而应该要求有合理的回报率。比较两件事之间的取舍，也可凭此决定。

（24）有了凡事只做一次的习惯，会大大减少积存待办的事或文件，使自己的自信和能力更强。

（25）同一时间只做一件事，在做的时候把整个人的精神、能力、意念全部放在一件事上。

（26）利用更加先进的手段去节省时间，提高效率。

（27）可以用电邮或短信的，不要用电话；可以用电话的，不要见面。

（28）不要凡事都用计算机，若用手做比计算机更快，用手吧！

（29）把命运掌握在自己手里，不要让别人支配你的时间而觉得无可奈何。

（30）浪费20分钟比浪费200分钟好。处于对自己、对别人都没有贡献的场合中，应想方设法早点告退。

（31）如果不想在可以没有自己的会议中浪费时间，就叫你的秘书5分钟后打电话找你，说有急事要你速回。

（32）把校友会或朋友聚会的次数减半。

（33）把没有收获又没有贡献的吃喝聚会取消或者减至每月一次。

（34）多年关系但又没有急需联络的人，可以用明信片维持联系，言简意深。

（35）积存文件、书信、杂志甚至杂物，只会引起收拾、整理、寻找、堆叠的工作，虚耗时间。问题的起因是购买或存起时没有好好地想清楚是否需要。

（36）最重要的文件存放在保险箱，次重要的东西都应有它们特定的柜和箱，以便需要时容易找寻。

（37）不要回避必要的工作。主动去找寻它、面对它，是最省力的方法。

（38）常常问自己："这是不是我此刻可以做的最重要的事？"

（39）拖延会产生压力和焦虑，不要等到了"最恰当的一刻"才去做某件事。

（40）每天预留1~2小时空白时间去处理突然出现的事情。若无突然出现的事情，把预留时间用在学习或者进修上。

（41）分析每天花多少时间接电话和阅读。前者是否太多？后者是否太少？

（42）学会对不够重要的事和人说"不"，以把握自己运用时间的主动权。

（43）多委派工作给手下。

（44）每一件东西都应该有安放的地方，自己的空间（例如桌面）是使用它们的地方而不是安放它们的地方。

（45）把每一件重大的事分割为几件小事。小事较易控制和完成，因而整件事也会更快完成。

（46）做一个有44格的文件袋，其中31格代表未来一个月的每一天，12格代表未来12个月，1格代表明年。所有需要在将来处理的事，都可以用纸写下来，存放在这个文件袋里。

（47）不要只用一种方式去做阅读工作，应该至少有速读、细读、精读和欣赏四种。

（48）用快速扫描的阅读方式先去了解文件、文章的性质，再决定应否详细阅读。

（49）对于新闻无须花太多时间去了解或吸收，因为数小时后它便不新了。

（50）长篇的文章，需很长时间才能看完。应先看看是否明白它的立场，若是同意而你又已经清楚的，无须去看；若不同意，看看文章提出的第一个论证，若你觉得合理或者有新颖的看法，再看下去。

（51）找出自己吸收文章内容最快的方式。有些人需要安静的环境，有些人需要音乐，还有些人需要读出声。

（52）每天最少进行20分钟的运动，保持身体健康和头脑清醒、敏捷。

（53）找出自己的生理节律：什么时候最适宜思考、做决定，把重要的工作安排在那段时间。

（54）当体力、精神或情绪不好时不要做重要的思考和决定。把决定的时间推到明天早上，给自己多一点时间去推敲、思量。

（55）每天给自己最少半小时做自我思考工作：整理、净化自己的思想；检讨对人、对事的看法；处理杂乱的、不应该有的意念。

（56）凡是"等待"的时间都可以利用，例如等待乘车、等待别人等。一般情况下，一个人每天可以有2~3小时的"等待时间"。

（57）在车上、船上看书会头晕的朋友，可利用听录音的方式学习。

（58）很多不用细读的文件、邮件及文章都可以随身携带，利用"等待时间"去做速读。

（59）利用午饭或者喝咖啡的时间去促进人际关系或者进行轻松讨论。

（60）把一些需要考虑或者策划的事写在一张纸上，在"等待时间"里抽出一个题目思考，例如等车、乘车的时间。

（61）在电话旁放一些你想牢记的字句，在打电话或通话间隙看看。

（62）随身携带着一部你要看的书或一篇文章。

（63）看电视时，身边放一些适合速读的文件和文章，每当广告出现时便阅读。

（64）生活里有很多急迫但不重要的事，这些事使我们失去控制局势的能力，往往只是为别人而不是为自己去做。尽量避免它们。

（65）检讨一下每天我们做了多少不重要又不急迫的事。

（66）尽量做重要而不急迫的事，例如学习、策划工作、运动等。它们才是促使我们成功的事。

（67）所有需要一段时间完成的事，都先定下目标，而且在过程中不断检讨是否越来越接近目标。

（68）提醒自己是否让"IN-BOX"（收件箱）支配自己的工作生活，即通过要完成的工作和事情的压力而采取行动，这种生活很辛苦，去找出突破的方法吧！

（69）每天问自己一次："今天我忙的事情中，有多少是对这份工作的目标有真正而直接的贡献的？"

（70）分析自己的强项和弱点：如何再提高强项的发挥？怎样消除弱点给自己设置的障碍？

（71）明白每人每天都有同样的24小时，你不可能有"没有时间"或者

"时间不够"的问题，你只有如何运用时间的问题。

（72）"太忙"只不过是不做某件事的借口，那只是把时间用在你认为更重要的事上而已，想想到底什么才是真正重要的。

（73）问问自己有没有做一些事，使每天忙的结果，只不过是明天做同样事或更忙的原因。

（74）更快、更多地做事不会使你成功、快乐，做好应该做的事才会。

（75）错误的感觉和看法，能使我们不断地做没有效果的事，直到累死为止，我们会犯这个错误吗？

（76）做了而没有效果，应先停下来和别人商量一下再继续下去。

（77）看不清楚一件事应否去做，先问问自己："不做会有什么效果？"

（78）可以用笔记下的，不要只用脑去记。

（79）遇上有些偶然发生而又难以取舍的事，问问自己："假如自己没有经过或遇上，会怎样？"

（80）明白凡事都有三个以上的选择。

（81）添置个人便携式电脑，这是最快、最容易地去增强自己的工作能力和节省时间的方法。

（82）每次说话前，先想一想，如何只用两句话说出你的意思。练习一段时间，你会发觉自己说话的能力大大进步，不再冗长而且意思松散。

（83）说话时先说出你的结论，若大家同意，便可继续下去。若有人不明白或者不同意，你才需要做出解释或说明。

（84）对不懂的事说"我不懂"，对不明白的事说"我不明白"，并且请求解释。

（85）永远不要在还未清楚了解任务时便接受和离开。

（86）在讨论时，从对方的观点中建立一条思路去和自己的看法连接是最快达成协议的方法。一般人往往只从自己的看法为对方筑路，结果浪费大量的时间和精力。

（87）在争论时，从双方一致之处延伸到未达一致的地方，会更快达到效果。

（88）说"我不明白，但我在乎你的看法，请帮助我了解你的意思"，以便更快、更好地领会别人的意思。

（89）与所有人打交道时，先明白对方的需要和限制。

（90）与人打交道时，找出"三赢"的方法会是最快的解决方法。

（91）把公司的电话全部装上自动切断功能，凡通话超过五分钟，电话便会自动切断。

（92）开会时第一个到会的人负责挂一个纸袋和一块木板在门口，上面写着每迟到一分钟罚十元，由他负责维持这个制度直到全体人员到齐为止。

（93）凡有会议，必须先确定时限、议程及每一部分的预定时间。会议超出时限十分钟以上者，罚每名参会者每分钟十元，所得款捐给工会。

（94）把自己所有的证件（包括信用卡、身份证等）号码及相关资料记录在一张纸上，连同复印件，放在一个信封里存好备用。

（95）在晚上睡觉前的一个小时里不想、不做与工作有关的事，能使睡眠质量更好。

（96）每三个月做一次工作总结，找出待改善的地方。

（97）学习自我催眠、瑜伽或静坐，这能帮助一个人保持更平静的心境、更清晰的头脑。

（98）从不在情绪控制自己的时候说话或做决定。

（99）有情绪时喝水及做运动，例如：走路或散步，平静时才回来。

（100）相信总有更好的办法。

◆ 目标与人生

建立目标及实现目标的技巧

想要人生实现成功，需要不断地选择和达到新的目标，而达到每一个目标，需要具备5个因素：

（1）一个有效的目标；

（2）清楚了解自己的现状；

（3）驱除一些障碍；

（4）添加一些能力和资源；

（5）画出一条从现状到达目标的途径。

用图表现出来就是图10-2：

③驱除一些障碍

①目标

⑤途径

④添加一些能力和资源

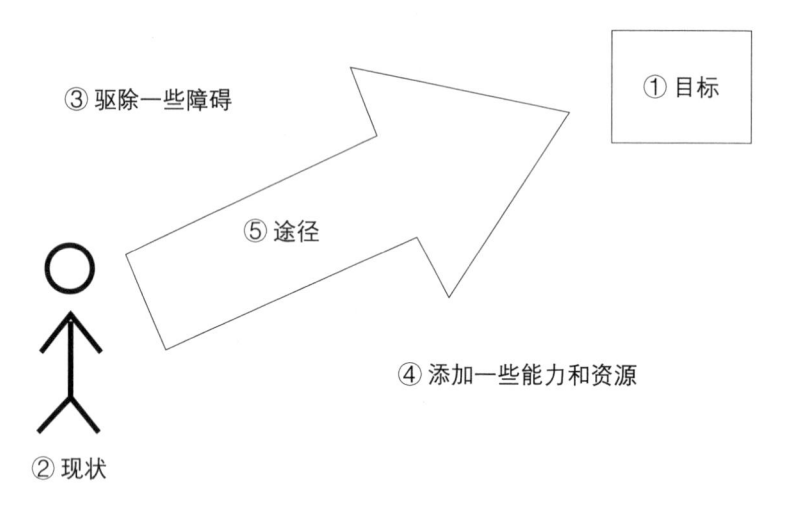

②现状

图10-2 达到目标的5个因素

定出正确目标是很重要的一步。不少人几经辛苦，在成功后才察觉到目标不是自己真正想要的，有些人更因为目标定得不正确而终其一生在忙碌、辛苦，这都是十分可惜的。

一个有效的目标必须具备以下 7 项元素，合起来是英文字 PE-SMART：

（1）由正面词语组成　　　　　　　（positively phrased）

（2）符合整体平衡　　　　　　　　（ecologically sound）

（3）清楚明确　　　　　　　　　　（specific）

（4）可以量度　　　　　　　　　　（measurable）

（5）自力可成　　　　　　　　　　（achievable）

（6）成功时有足够的满足感　　　　（rewarding）

（7）有时间限期　　　　　　　　　（time-frame set）

一个按照上面 7 项元素制定的目标，需经过下面 8 个问题的考验，才能被确定是适当、良好、可行的目标，如表 10-1：

表 10-1　如何确定适当、良好、可行的目标

请把目标写下：	这目标具备以下 7 个因素吗？	
	（1）由正面词语组成	☐
	（2）符合整体平衡	☐
	（3）清楚明确	☐
	（4）可以量度	☐
	（5）自力可成	☐
	（6）成功时有足够的满足感	☐
	（7）有时间限期	☐

8 个问题：

（1）你想要什么？

_____

（2）这（目标）能够为你做到什么？

_____

（3）你如何能知道你得到了理想的结果？

_____

（4）你想在何时、何地与何人得到那结果？
_____

（5）那个结果会怎样影响你人生的其他方面？
_____

（6）为什么在今天之前你未能达到那个结果？
_____

（7）你需要哪些资源和能力？
_____

（8）你计划怎样去做？
_____

（1）你想要什么？（答案必须符合上述7项元素。）

（2）这（目标）能够为你做到什么？（答案就是目标所代表的价值，这份价值必须能满足受导者的一些深层需要：身份或精神的层次。可以不断地重复这个问题，也可以用不同的文字表达同样的意思，例如："这'目标'可以给你怎样的价值？"）

（3）你如何能知道你得到了理想的结果？（答案应该是一些内感官的视、听、感觉上的证明。引导受导者想象达到目标时这些视、听、感觉上的证明，观察受导者的内心状态是否有足够强烈的反应。这种反应是证明这个目标是否有足够推动力的最佳方法。）

（4）你想在何时、何地与何人得到那个结果？（这个问题澄清了目标的环境界限，使目标更为明确。）

（5）那个结果会怎样影响你人生的其他方面？（这个问题常常需要下切，例如："那个结果会有些不好的影响吗？""对你生命里一些重要的人，会有怎样的影响？"这个问题是再次检查目标是否符合内外的整体平衡。）

（6）为什么在今天之前你未能达到那个结果？（这个问题帮助受导者认

识过去未能成功的因素,即障碍,因而注意到新的方法和需要,同时在受导者的潜意识中把目标转为一个"在未来可以达到的目标"。)

(7)你需要哪些资源和能力?(这个问题一般会化为至少两个问题:"已经拥有哪些资源和能力?怎样运用?"和"尚需什么资源和能力?如何得到它们?"这两个问题帮助受导者的潜意识对环境和能力层次的辅助因素做一个系统的检查,因而认识到各种可能性。)

(8)你计划怎样去做?(这个问题可以分解为很多问题,例如:"第一步应该怎样做?""有不止一条途径吗?"接着这些问题,会有更多的问题出现,结果受导者会建造出一个可以行动的计划方案来。)

1. 信念审视法——找出目标里的限制性信念。

当你定下一个目标,这个目标能否成为现实取决于两方面的因素:一是外在因素:本人无法操控的因素;二是内在因素:本人内心对这个目标的有关信念状况。测试内心对一个目标的支持程度,就是运用这个信念审视法去检讨关于这个目标的重要信念的支持程度。

首先,用一句话清楚说出目标。目标应该由正面词语组成,并且符合三赢的要求。以下五个自问问题,分别用数字1~10进行打分(1是最低,10是最高)。如低于7,应该做分析检查;如低于3,此目标不会有实现的机会。

意愿:这个目标是不是自己真正想要的?是不是本人内心向往的?

可能性:这个目标是否有可能实现?我是否真的相信自己有可能实现?

代价:这个目标需要我付出怎样的代价才能实现?我是否清楚实现目标过程中的每一步?我是否觉得这些做法妥当?

能力:这个目标是否在我的能力之内?我是否有能力把目标实现出来?

资格:我是否有资格得到这个结果?我是否愿意对这个目标负起责

任（责任是本人完成从这点走到目标的路程，并且接受过程可能出现的一切）？

2. 时间线实现目标法。

受导者应已经凭"目标确定法"定出清晰有效的目标。

引导受导者在地上指出"未来"的方向，站立点就是"现在"，另一方向就是"过去"。注意在任何时候，受导者行走时都应面向着"未来"。

引导受导者在未来方向线上定出目标达到的时刻。受导者站在"现在"点上，思考一下达到目标所需的资源、存在的困难、前面会出现的挑战和准备运用的策略。当准备好时，便开始步入未来，引导者在旁说出时间的变化。受导者在脑中思考可能出现的障碍和对策，只有在解决后才能继续前进。

当解决不了时，受导者会停下来，引导者可以问他需要什么资源或力量。这些资源或力量可以从受导者的过去经验中取得（优良状态法）、向有此资源力量的人借取（借力法）或者用其他方法（天地人法等）。若受导者站在时间线上不能想出解决办法，可让他站出来，在旁边看着自己在时间线上的困境而思考（抽离）。当有了所需的资源力量，可以帮助受导者用经验掣储存起来。

如此，受导者终于到达了目标。引导受导者充分感受成功景象的感觉，因为这也是重要的推动力量。然后引导受导者转身看着"现在"至此的路程，回顾路上的挑战和困难，检讨哪里可以做得更好。

待完全清晰后，站到时间线外面，走回到"现在"点，站入。面向目标，盘点一下拥有的资源和力量，包括经验掣所储存的，看一遍路上的挑战、困难和阻碍，当准备好时，再走一次，再体会一次成功的感觉。

人生十项

人生目标是达到成功、快乐，可是，如何才能达到？即正确的途径是什么？

很多人以为事业成功便会拥有人生的成功、快乐。结果他的确高高在上，坐在集团公司总裁的宝座上，可是忙碌的工作过后，内心感到深深的空虚。不少富豪，觉得钱最为重要，以为有大量金钱时自然可以得到成功、快乐。结果刚刚相反，钱越多，距离成功、快乐的感觉就越远。有些人甚至为了事业和财富上的成功，牺牲了健康、家庭或者朋友。反之，一个出来工作不久的青年，往往更容易感到内心的成功、快乐，怎样解释呢？这里让我与你分享我的看法。

你我每天做的所有事，按其意义来分，可以归纳为十项：

精神——探讨人生的意义或者宗教信仰之类的问题都可列入这项。

健康——包括身体及心理上的健康。

知识——所有可掌握的学问和技巧。

修养——对人、事、物的态度及行为。

爱情——两情相悦的恋爱，包括婚姻。

家庭——夫妇、子女、父母、亲戚等。

朋友——你觉得应当了解、关心、分享、支持和保持联络的人。

社会——你自己的定义，可以只包括你住的社区或乡村，也可以包括整个世界。

事业——你称为"工作"的行为，发展至对社会有贡献的事情，也是由你决定所包括的范围。

财富——钱财加上你所拥有的、可以变为现金的资产。

以上的十项对某些人来说或许会有一两项不适用。例如，有些人并无信仰，也未曾想过人生意义之类的问题，大可以跳过第一项。某些宗教人士不能结婚，也可跳过第五项。对这些人来说人生只有九项，甚至八项。

在继续讨论之前，也许你应该先做一个测验，看看你现在的人生成功程度如何。请看下页人生十项的表格。如果人生完满的境界是 100 分，每一项的满分便是 10 分。现在请你逐项地仔细想一想，根据你自己的标准为每一项打分，并写下来。

做这个练习，你完全要凭自己的感觉，在每一项上细心想想，问问自己的内心感觉怎样，目前实际情况是多少分（满分 10 分）。这需要安静的环境和充足的时间进行思考，所以当你有一个小时以上的时间时再做这个练习。

先做完给每一项打分的工作。右边的"计划"一栏，请在看完本章节的全部内容后再做。

现在十项已经有了分数，请圈出得分最低的两项，和你认为是最重要的一项（可能会是最低分数项目之一）。

现在，为所圈出的每一项，定一个三个月的目标：你想有怎样的改善（参考"目标确定法"）。

看着每一项的目标，想出一些会有帮助的行为（另写在一张白纸上），挑出最可行同时自己最愿意做的五个行为。其中必须包括一星期之内便可以展开的。其他则必须在一个月内展开。

把选定的行为，连同目标写在"计划"一栏里。现在，你有了人生中最需要提升的三项具体方案了。努力实行所写的行为，三个月后再做一次十项评分。

注意事项：

（1）人生成功、快乐的秘诀在于平衡。因此，分数高的项目给你的喜悦，总是盖不住分数低的项目所给你的苦恼。把高分的项目提升得再高也不会有用，把低分的项目提高了才会有效果。年轻人的喜悦来自各项分数都不高，可是大致上都很接近，并且相信全部都可以提高！

（2）不应以减少某项分数的方式去增加另一项（例如，少做点生意，多点时间陪伴家人），因为这样会造成整个人生的总分无法增加。何不想想如何培养更多的接班人，聘请专业的管理人才以减少自己的工作呢？这样可以继续扩充生意而同时可以多腾出点时间陪伴家人。

（3）每三个月做一次检讨，可以挑选上次被选中的项目，也可以是全新的项目，只要是心中认为不满意的便可。

人总是处在不断改变之中，内心的状态也是一样。三个月后，上次挑出的三项提升了，内心的成功、快乐感便会提升，因为整体的分数已经提升。每三个月做一次评分订计划的工作，不出一年，整个人的人生素质便会有显著的提升了。

人生十项提升法

检讨练习

十项	分数	计划
精神		
健康		
知识		
修养		
爱情		
家庭		
朋友		
社会		
事业		
财富		

如何驾驭逆境（AQ）

逆境只存于心中。当我们不能接受环境所提供的条件，而又认为环境不能改变或者要付出太大的代价才能改变它时，我们便说是身处逆境了。

与逆境相对的，应该是顺境吧？其实什么是逆境，什么是顺境呢？

试想一想："上山是逆境"还是"下山是逆境"？答案可以有四个：

1．上山是逆境，下山是顺境。

2．上山是顺境，下山是逆境。

3．上山、下山都是逆境。

4．上山、下山都是顺境。

你决定选择哪个答案呢？你有什么理由去支持你的决定？

上山可以是步步艰辛，与地心引力对抗，爬得越高呼吸越困难；但同时也可以是越高越心旷神怡、视野越广、空气越新鲜。下山可以是每一步都降得更低，重返尘嚣；但也可以是越行越易、越快返家。每一个人都可以想出很多的理由去支持正反两方的说法。由此可见，顺境、逆境都是由自己决定的。

再想一想："我父亲有钱，所以我成功""我父亲有钱，所以我失败"，哪句正确？

表面看来，这与上一题一样，答案有四个：

1．前者对。

2．后者对。

3．两个都对。

4．两个都不对。

其实，四个答案都不是最恰当的，最恰当的答案是：只可以由那个做儿子的来决定。

人们普遍认为逆境的定义是"事情不如己愿般发生"。逆境是一种主观感觉，原因就是"己愿"二字。逆境的产生，由"己愿"开始。把"己愿"定得很窄，逆境便容易出现；把要求的条件定得很松，逆境便不易出现。如果心中没有预设的条件或要求，何来逆境？逆境的确是一种感觉。不同的看法，便有不同的感觉，也就有不同的判断和行动了。